U0142820

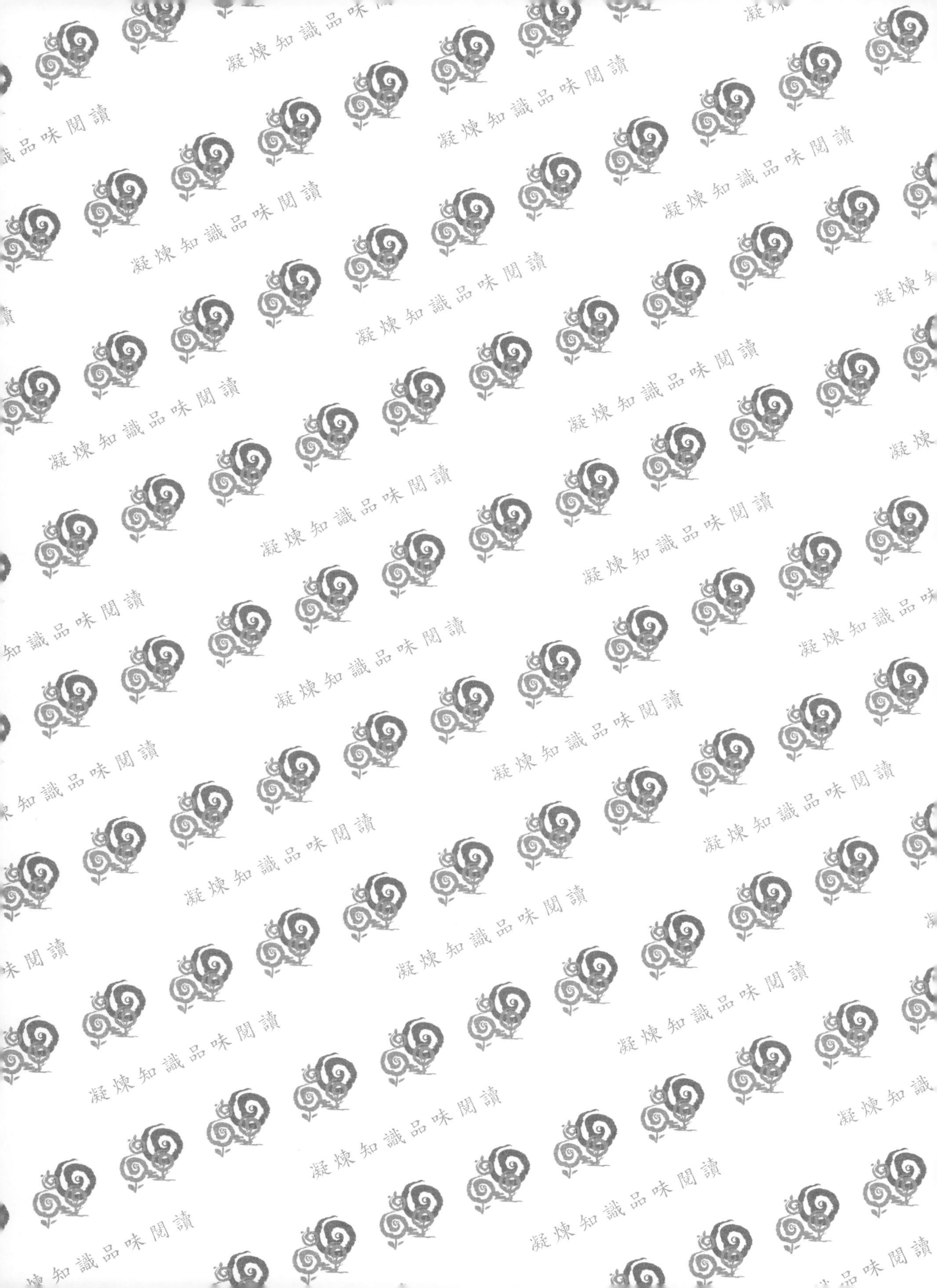

行銷學

Marketing Management

精華理論與本土案例 第6版

最適合本土的行銷學教科書

戴國良 博士 著

五南圖書出版公司 印行

作者序言 Preface

本書撰寫的背景原因

目前坊間「行銷管理」書籍，大部分是譯自美國大學教科書，其內容並不完全適合國內的企業環境與學生的使用。作者授課「行銷管理」課程多年，始終苦於沒有一本適合國內學子的教科書，加上目前大學生也都希望不要只是純理論的教科書，而希望含括一些臺灣本土實務觀點、內容與案例在教科書裡面，這樣他們才能學到企業真正的實務運用與思考。再加上作者本人過去曾在民營企業工作多年，多少也了解一些企業實務內容。

希望本書對國內各綜合大學、商業技術學院、專科院校的企管系、傳播管理系、廣告系、行銷系、國際企業系及國貿系等系所及其他系所學生，能有實質上的助益。

不斷創新與進步

堅持不斷創新與進步，是作者教學及撰書的根本理念與執著。筆者一直認為大學的商學院或管理學院教育的最終目的，終究是要到企業界服務與發展。站在行銷學顧客導向的角度來看，學生最終是要替企業界奉獻一己之力。然而，在學校所學如果僅是國外教科書那一套長年不變的內容或是理論，那麼筆者認為對全體大學生而言，是有點虛擲青春歲月。

因此筆者認為今天的大學教育及教材內容，也應該打破傳統舊框架，而且要能夠不斷的追求創新與進步，與國內企業實務、時代發展及全球企業現況相互接軌，這樣在大學所求得的學問才算有用，投入四年青春歲月也才有價值。換言之，今日大學教育應勇於面對社會及企業實務界，並接受挑戰。

本書完整架構十五章（五大特色）

筆者參考國外教科書及國內實務界發展現況，並洞悉現今國內企業經營環境與行銷環境變化，融合而成本書內容，可說理論與實務兼備。

綜觀本書之特色與優點，大致可包括下列五點：

第一：理論與實務兼具

行銷管理講的就是企業行銷實務，因此本書在若干章節後面，均放入一些國內市場實務上的觀點與依據，而不是只有行銷理論名詞而已。希望學生都一定要學會如何應用行銷理論在市場實務上，讓學問能夠靈活而知所運用。

第二：邏輯清楚，扼要簡明

本書撰寫內容與架構，邏輯分明清晰，內容扼要簡明，綱舉目張，一目了然，撰寫用語力求口語化與生活化。

第三：嚴選有用的、正確的內容

筆者在企業界曾工作過多年，深深了解若干產業及企業的實際運作，也了解書中，什麼是對企業有用的，什麼是沒有用的。筆者長久以來對教科書，一貫堅持追求真理、正確與有用的標竿（Bench Mark）原則。終究，商管教育產業界也會面對社會大眾的這種追求效能（Effectiveness）要求之挑戰。

第四：加入最新資料，永遠跟上時代腳步

企業經營每天都面臨激烈的競爭壓力，求新求變已是每天的課題。而《行銷學》一書的內容，也必須跟著時代的腳步，不斷更新其內容才可以，不能一味地翻譯美國的教科書。筆者的原則是每三年定期要進行內容更新改版，每年都與國內行銷環境同步前進，絕不落後。

第五：最適合本土的一本行銷學教科書

其實，行銷學（行銷管理）最大的適用處，終究仍在臺灣本土市場。企管系、廣告系、大眾傳播系或行銷流通系等系所或其他系所等畢業的學生，如果有興趣往行銷領域發展，大部分就業的機會，仍屬於內需行業居多，包括：銀行信用卡部門、連鎖店、大賣場、百貨公司、超市、人壽保險、金融業、廣告公司、媒體公司、食品飲料公司、日用品公司、汽車銷售、3C資訊服務業、電信、家電、唱片、瘦身美容、化妝保養品等行業為主。將來所面對的仍是本土市場、本土的消費者及本土的行銷工具與本土的行銷環境，本書撰寫即立基於這種需求。

衷心感謝、期待與祝福

本書的完成，感謝我的家人、我的長官、我的學生及我的同事大力幫助與鼓勵，才使我在漫長的寫作過程中，不斷的保持動機與力量，終能完成本書之寫作。筆者相信，這是一本與其他教科書完全不同的書籍。

最後，衷心期望本書確實有助於全國學習這門學科的大學學子們以及企業界的朋友們，並且在終身學習的旅途上，皆能不斷獲得令人驚喜的成長與躍進。祝福永遠努力上進、勤奮不懈以及追求卓越的大學同學們及企業界朋友們。您們的努力與付出，終將有所收穫與代價的。

當有一天，再回過頭來，看看這些辛苦的歲月痕跡時，您將會發覺，這一切都是值得的。祝福大家！

戴國良
taikuo@mail.shu.edu.tw

目錄 Contents

第一篇 行銷導論

第二篇 市場區隔與產品定位

第三篇　行銷4P組合（一）

第四篇　行銷4P組合（二）

第八篇　學生報告撰寫說明

第一篇

行銷導論

第一章

行銷涵義、行銷觀念演進與顧客導向

行銷管理的涵義、目標與角色

一 何謂「行銷」

我們回到原先的「行銷」（Marketing）定義上。行銷的英文是「Marketing」，是市場（Market）加上一個進行式（ing），故形成「Marketing」。

此意是指：「廠商或企業在某些市場上，展開一些促進他們把產品銷售給市場的消費者，以完成雙方交易的任何活動，這些活動都可以稱之為行銷活動。而最後消費者在購買產品或服務之後，即得到了充分的滿足其需求。」

因此，如下圖所示，廠商行銷的最終目標，主要有兩個：第一個是滿足消費者的需求：第二個是要為消費者創造出更大的價值。

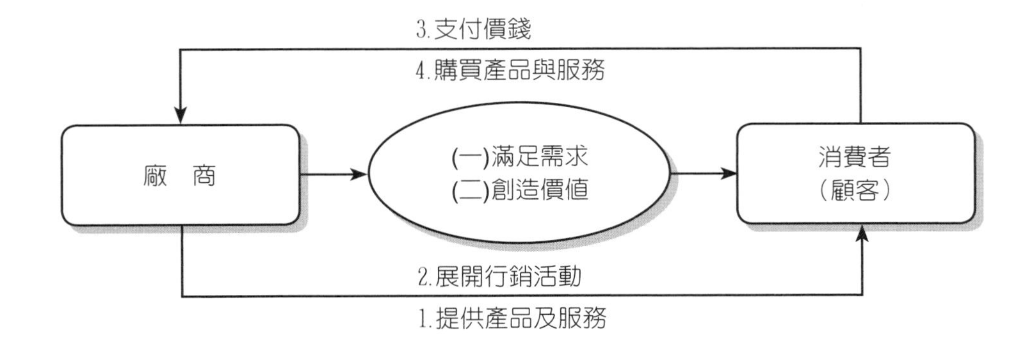

〈行銷的重要性〉

行銷與業務是公司很重要的部門，它們共同負有將公司產品銷售出去的重責大任，也是創造公司營收及獲利的重要來源。有些公司雖然研發很強或製造很強，但是因為行銷及業務體系相對較弱，因此公司經營績效未見良好。由此得知，公司即使有好的製造設備能製造出好的產品，也要有好的行銷能力相輔相成的配合。而今天的行銷，也不再僅僅是銷售的意義，而是隱含了更高階的顧客導向、市場研究、產品定位、廣告宣傳、售後服務等一套有系統的知識寶藏。

二　何謂行銷管理及其目標

（一）行銷管理的構成

1. 行銷管理的定義

行銷管理就是把管理的程序應用在行銷活動中，在滿足消費者的交易過程中，來完成行銷的目標。

2. 從上述的定義中，行銷管理可分為四大部分

⑴管理程序的應用，自企劃到執行。

⑵行銷活動，包括產品、訂價、通路、促銷與服務等行銷活動。

⑶行銷理念，包括如何創造交換、促進銷售及滿足消費者，並堅定「顧客導向」的不變信念。

⑷行銷目標的達成。

〈行銷活動的競爭壓力〉

用最簡單的話說，「行銷管理＝行銷活動＋管理活動」。如圖1-1所示。但現在行銷活動中，企業界普遍感受到最大的困境就是：面對嚴厲的競爭壓力，包括價格的割喉戰（低價競爭）、廣告投入，錢愈積愈高、促銷贈品愈送愈重、免息分期付款期限愈拉愈長、服務更加創新，而產品生命週期也愈來愈短。因此，行銷人員每個人都必須繃緊神經、激發創意、撒出銀子再血拚，才有贏的機會。

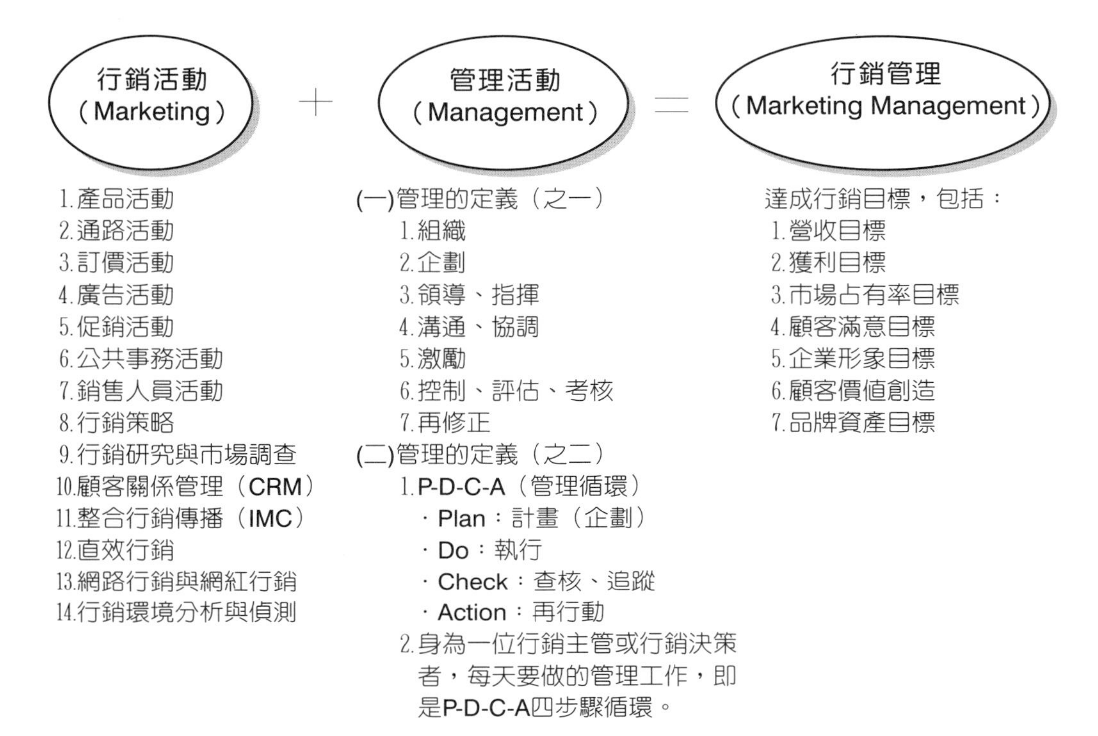

圖1-1 行銷管理的構成:行銷活動+管理活動=行銷管理

〈前言:行銷處處有,處處有行銷〉

1. 行銷部是公司最重要的部門,也是創造公司營收及獲利的關鍵來源。行銷部也是公司第一線的作戰部隊,行銷知識必須禁得起實戰的考驗及淬鍊。
2. 行銷部的工作,可以區分為兩種:一是行銷企劃人員,另一則是行銷業務人員,此兩種合作團隊成為行銷部的作戰尖兵。
3. 我們每天會看到很多電視廣告,也會聽到廣播廣告,報紙內也有報紙廣告或公關宣傳稿,坐公車或捷運也會看到相關的廣告。另外,我們也看到廠商經常舉辦週年慶促銷活動或戶外活動,以及廠商也經常有新產品不斷的推出,例如:手機、筆電、液晶電視機、飲料、餐飲、自行車、汽車、健康食品、美容保養品、出版書籍等。這些琳瑯滿目的廣告,宣傳新產品及促銷活動,每天都圍繞在消費者的身邊及占據目光視線,為的就是要吸引消費者並且採取購買行動,此可謂「行銷處處有,處處有行銷」。

（二）行銷管理的目標（行銷經理人目標）

行銷經理人所執行之行銷管理活動，主要在達成七大目標，如圖1-2所示。

圖1-2　行銷管理七大目標（前3項為三大目標）

（三）「行銷管理」在企業管理中的角色

行銷管理是企業管理十七大功能中（圖1-3），最重要的角色之一。因為它能負責公司營收及獲利的來源，而營收及獲利恰是公司存活及發展的最重要因素。

企業沒有行銷（或業務）部門，或該部門很弱，則企業就不可能有很好的財務績效。特別是在內需型服務業中，行銷活動是第一重要的功能活動。此處的行銷部門，意指「行銷業務／行銷企劃」等兩個部門之密切合作。

（四）「行銷管理」、「顧客」與「利潤」三者間關係

企業透過行銷管理活動，將產品及服務提供給「顧客」，然後獲得營收及獲利額，而顧客則可獲得需求上之滿足，甚至讓顧客感到物超所值（圖1-4）。

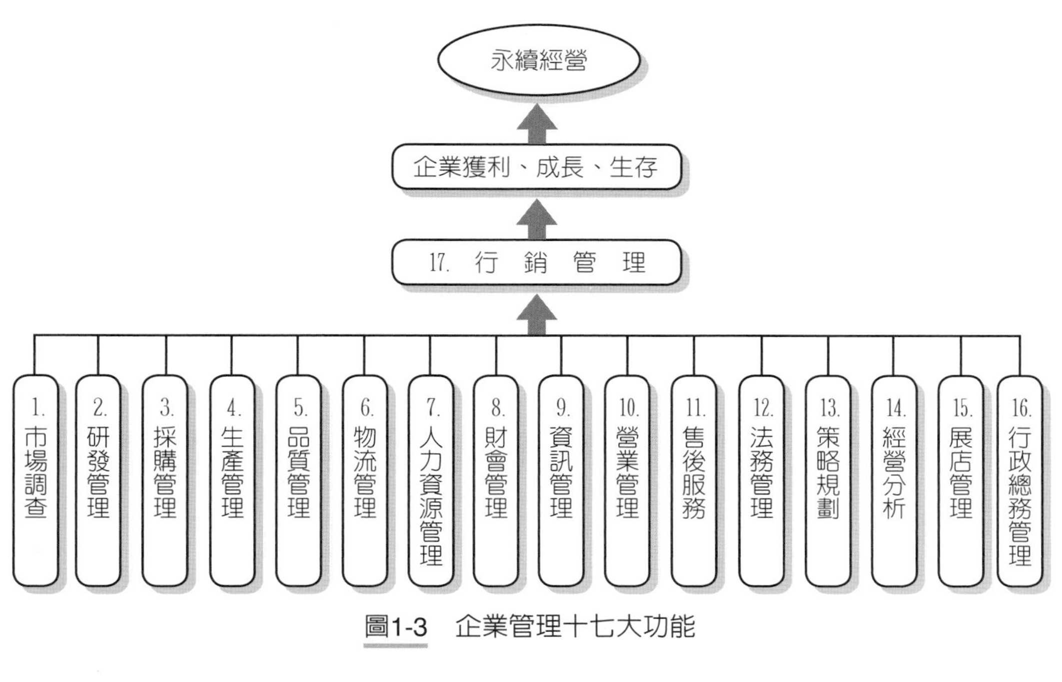

圖1-3 企業管理十七大功能

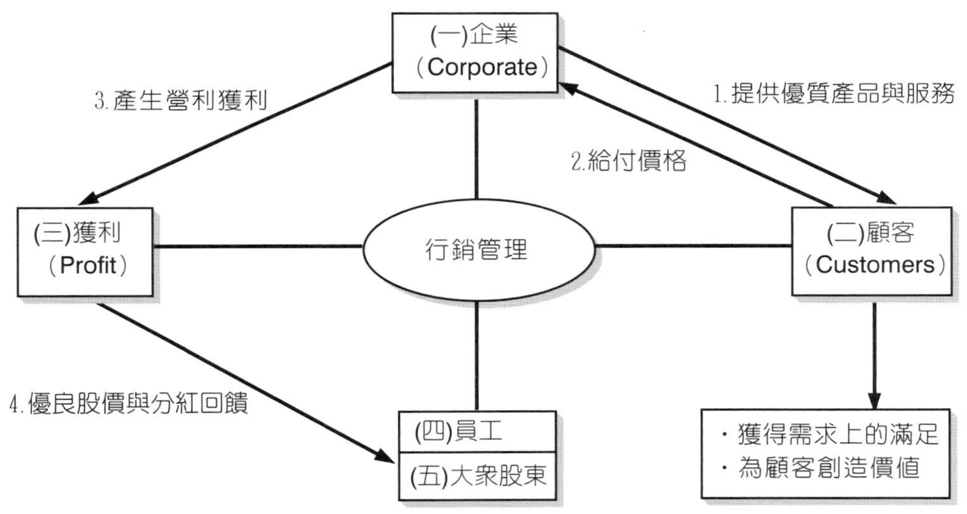

圖1-4 行銷管理、顧客與利潤三者間關係

2 行銷觀念（行銷哲學的演進）

隨著時代之演變，行銷觀念過程，可區分為幾個階段概述如下。

一 生產觀念時代（Production Concept）（1900～1970年）

（一）假設

消費者只想要廉價的產品，並且隨處可買到（在經濟發展落後、國民所得很低的國家）。

（二）廠商的任務

廠商的任務著重如下：

1. 提高生產效率。
2. 大量產出單一化產品，大量配銷。
3. 降低產品成本，廉價出售。
4. 廠商只有生產任務，沒有行銷任務。

（三）生產觀念之前提

1. 市場需求量遠大過供給量。
2. 市場競爭者不多，產品的花樣少。
3. 消費者的所得、生活水準、知識都未臻良好水準，導致只求量而不重質。
4. 例如：在1950、1960年代的若干商品：

・枝仔冰↔相對於今天各式各樣好吃的冰淇淋。
・泡麵↔相對於今天各式各樣的速食麵。
・大饅頭↔相對於今天鼎泰豐各式麵點。
・單調服飾↔相對於今天百花齊放的多款式衣服。
・單一膚色絲襪↔相對於今天各種多元色彩、各種網襪。
・臺鐵↔相對於今天的高鐵、捷運、北高航空。
・打字機↔相對於今天的筆記型電腦、桌上型電腦、平板電腦。
・固定電話→行動電話→5G電信服務。

二　產品觀念（Product Concept）（1970～1980年）

（一）假設

消費者只想要品質、設計、功能、色彩都最優良的產品（他們認為只要是最佳產品，消費者一定會上門購買）。

（二）行銷近視病（Marketing Myopia）

所謂「行銷近視病」，也稱「行銷迷思」，係指廠商只一味重視產品本身的改良，而不注重或了解消費者本身的實質需求與欲望。因此，雖然廠商的產品或服務無懈可擊，但卻無法避免衰敗的命運，此乃因無法正確地滿足市場之需求。

例如：美國鐵路事業早年曾有風光歲月，但後來卻跌落谷底、衰敗不振。此乃因為他們將公司目標定義在提供「最好的鐵路」，而非提供「最佳的運輸服務」；因此，現代的高速鐵路、高速公路、航空客機等已取代了鐵路的服務，美國鐵路的衰敗在於未了解並著重消費者之需求。

因此，行銷人員應該避免犯了「行銷近視病」，只看到玻璃窗（產品），而無法看到窗外的世界（行銷）。產品觀念階段，正有此種隱憂。

「行銷近視病」是有名的行銷學者李維特（Levitt）所提出：

1. 他認爲以「市場」來定義一個企業，遠比以產品或技術來定義較佳。
2. 他認爲一個事業應是「顧客滿足的過程」（Customers Satisfying Process），而非「產品生產過程」（Product Producing Process）。
3. 因爲他認爲「產品」是短暫的，而「需求」與「顧客」卻是永遠的。因此，李維特鼓勵廠商應該從「生產導向」走向「行銷導向」，與「顧客導向」或「市場導向」，才不會爲環境變化所淘汰。

（三）對行銷人員之啟示：「得消費者存，失消費者則亡」

李維特的「行銷近視病」提出雖已多年，但其價值仍然是歷久不衰的，也是一篇經典的行銷著作，其對行銷人員之啟示為：

1. 「消費者需求」是行銷的源頭，掌握源頭才能了解問題。
2. 「消費者需求」是隨時空而有所變化，因此，必須密切加以注視。
3. 生產導向的時代環境與背景條件已經不存在，現代廠商所面臨的是新時代、新背景、新消費人口、新科技、新知識、新需求、新競爭與新的政經及社會人口結構；因此，必須改採「行銷導向」（Marketing-Oriented）來因應環境之變局。
4. 唯有透過不斷滿足顧客各種新的需求與感覺之價值，廠商才能在市場上立於不敗之地，並取得充分的競爭優勢，因為「得消費者存，失消費者則亡」，是現代行銷理論之最高不變法則。

〈案例〉

1. 傳統鐵路→高速鐵路（臺灣高鐵及日本新幹線）→捷運（臺北、高雄、臺中、桃園）。
2. 傳統電話機→行動手機→上網手機→照相手機→有畫面Video影像手機→4G智慧型手機→5G智慧型手機。
3. 傳統商店→便利連鎖商店（產品多、明亮、乾淨、服務好、年輕、24小時無休）→大型豪華購物中心、百貨公司及OUTLET。
4. 手排汽車→自排汽車→電動汽車→自動駕駛汽車。

5. 打字機→桌上型PC→筆記型NB→簡易型NB（小筆電）→超薄型NB→平板電腦。

三 銷售觀念（Selling Concept）（1980～1990年）

此觀念係認為消費者並不主動去購買產品，因此，廠商必須透過大量的銷售人員，積極主動的說服顧客來購買產品。在此階段，產品的供應廠商已漸漸多起來，消費者可能面對多種的選擇，並且會進行比較分析。因此，廠商無法像過去生產階段一樣，坐在家裡等生意上門，必須靠一群銷售組織與透過一些宣傳，讓消費者購買公司的產品。

包括直銷公司、壽險公司、信用卡銷售公司、百貨公司專櫃、名牌精品專賣店、資訊設備銷售公司、汽車公司、旅行社、重機械公司等，均以人員銷售為主的銷售觀念。

四 行銷觀念（Marketing Concept）（1990年迄今）：市場導向或顧客導向（Customer-Orientation）

（一）意義

行銷觀念在現代企業已經被廣泛與普遍的應用，這些觀念包括：

1. 發掘消費者需求並滿足他們。
2. 製造你能銷售的東西，而非銷售你能製造的東西。
3. 關愛顧客而非產品。
4. 盡全力讓顧客感覺他所花的錢是有代價的、正確的以及滿足的。
5. 顧客是我們活力的來源與生存的全部理由。
6. 要贏得顧客對我們的尊敬、信賴與喜歡。
7. 要站在顧客的心理及顧客的情境，去思考如何改善我們的產品及服務。

（二）例舉

1. TOYOTA推出以六年級與七年級生為區隔對象的低價1,800 c.c.年輕人轎車（YARIS/VIOS），售價60萬元，而且還有五年分期付款，滿足他們年輕就能擁有車子與開車的夢想。
2. 君悅大飯店所推出的自助餐，有中式及日式等二種，在不同樓層地點，不同口味區隔，以滿足消費者可以輪流吃，不要只吃一種口味的自助餐。
3. 國內新聞頻道經常採用SNG現場直播連線報導，滿足大眾即刻知與看的需求。
4. 信用卡公司推出必須年收入500萬以上的「世界卡」，或「無限卡」的金字塔頂端人口的頂級信用卡。
5. 便利商店可以繳交通違規罰單、停車費、水電費、電信費，有ATM櫃員機，以及可以寄送快遞及ibon、CITY CAFE、鮮食便當、網購貨到店取等服務。
6. 百貨公司的洗手間布置非常高級，有如五星級大飯店的洗手間，讓女性顧客在裡面整理儀容。
7. 麥當勞推出24小時不打烊服務及送貨到家的歡樂送服務。
8. 華碩、宏碁及SONY均推出小筆電、薄型筆電，易於攜帶及開會使用。
9. 蘋果公司率先推出iPhone 4G及未來5G智慧型手機。

五　臺灣及日本7-Eleven為「顧客導向」之真正落實者

臺灣及日本7-Eleven兩位成功領導人，對顧客導向的最新共同看法與行銷理念分述如下：

㈠只要還有消費者不滿意的地方，就還有商機存在。

㈡昨日顧客的需求，不代表是明日顧客的需要（昨天的顧客與明天的顧客不同）。

㈢經營事業要捨去過去成功的經驗，不斷地追求明天的創新。

㈣消費者不是因為不景氣才不花錢，而是因不景氣，所以要把錢花在刀口上。

㈤要感動顧客，利益才會隨之而來。

㈥有競爭者加入，正好是展現差異化的最佳時機。

㈦業界同仁不是我們的競爭對手，我們最大的競爭對手，是顧客瞬息萬變的需求。

㈧成功行銷的關鍵，在於如何掌握每天來店顧客的心；而且是滿足「明天的顧客」，並非滿足「昨天的顧客」。

㈨必須大膽藉由「假設與驗證」的行動，去解讀「明天顧客」的心理。依據洞察所得到的「預估情報」進行假設，再用各個店內的POS電腦自動分析系統加以驗證。

㈩7-Eleven以引起顧客的「共鳴」為志向。

⑾不抱持追根究柢的精神進行分析，數據便不能稱之為數據。

⑿不斷提出：為什麼（Why）？真的是這樣嗎？如何證明？如何解決問題？我們應該為顧客做些什麼？顧客究竟所求為何？

⒀行銷知識並非只是多蒐集一些情報資訊而已，而是能針對自己的想法進行假設與驗證，並藉由實踐所得來的智慧。

⒁重點不是去年做了些什麼，而是今年應該做些什麼；如何設定假設，如何更改計畫……。

⒂顧客不斷地尋找新的商品，我們則要不斷地進行假設，以符合顧客的需求。一切都以顧客為主體，進行考量。

⒃各種行銷會議，就是在進行發現問題與解決問題的循環。

⒄商品開發、資訊情報系統與人，必須是三位一體。

⒅經營的本質是破壞與創新。經營者的主要任務，就是要不斷否定過去的成功經驗，並創新變革。

⒆先破壞，再創新，這就是7-Eleven的創業精神。

⒇日本7-Eleven每天平均與1,000萬人次做生意，這1,000萬人次的行動與心理，就是觀察自己實踐的結果。

(廿一)必須經由假設、驗證，在嘗試錯誤中累積經驗。

㈢必須將零售據點的「數據主義」發揮到極致，利用科學的統計數據資料，以尋找問題所在及解決方案。

（註：臺灣統一企業7-Eleven的領導人是徐重仁前任總經理，日本7-Eleven的領導人是鈴木敏文前任董事長。上述資料摘取自日文專書《日本7-Eleven成功的統計心理學》，以及國內各報章雜誌專訪當時徐重仁總經理的報導）。

六 堅守「顧客導向」的信念，並用心且用力去實踐它！各大知名企業的「行銷名言」！

㈠日本三得利飲料公司：「要比顧客還要知道顧客。」

㈡日本花王：「我們所做的一切都是為了顧客」。

㈢日本日清公司：「顧客的事，沒有我們不知道的」。

㈣美國P&G：「顧客就是我們的老闆」。

㈤臺灣統一超商：「顧客的不滿意，就是我們商機的所在。顧客永遠會不滿意的，故新商機永遠存在。」

㈥日本7-Eleven：「要從心理層面洞察顧客的一切。」

㈦日本豐田汽車：「滿足顧客的路途，永遠沒有盡頭。」

㈧臺灣王品餐飲公司：「每一個來店顧客，都是我們的VIP客戶。」

㈨日本迪士尼樂園公司：「100－1＝0，不是99分。」（意指不容許有任何一個顧客不滿意。）

㈩日本資生堂：「要永遠為顧客創造美的人生」。

⑾日本小林製藥：「全事業群部門人人每月一次新產品創意提案，即可滿足顧客需求，實踐顧客導向。」

⑿臺灣Panasonic：「要永遠貼近顧客的需求及期待。」

⒀中華電信：「為了顧客，我們永遠走在最前面。」

⒁臺灣花王：「要站在顧客的視點，深入了解顧客，並提早、主動洞悉她們的需求及喜愛。」

七 消費者的需求是什麼

總括來說，消費者的需求可能包括下面各項：

㈠低價需求、平價需求。

㈡物超所值需求、高CP值需求。

㈢便利性需求、很方便的需求。

㈣美的需求、生活更美好的需求。

㈤健康需求。

㈥安全需求、食安需求。

㈦新鮮需求。

㈧快樂需求、開心需求。

㈨情感需求、感動需求。

㈩尊榮、榮耀需求。

⑾快速需求。

⑿品質需求、高品質需求、穩定品質需求。

⒀服務需求、頂級服務需求、客製化服務需求。

⒁其他需求。

企業提供的產品及服務，即在滿足上述消費者心中的各種需求，也是廠商平常努力的經營根本基礎點。

八 銷售與行銷觀念比較

茲比較銷售導向與行銷導向之差異（圖1-5）如下：

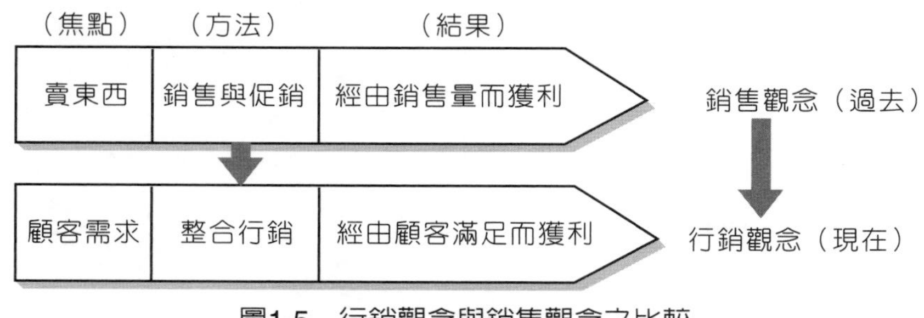

圖1-5 行銷觀念與銷售觀念之比較

九 社會行銷觀念（Social Marketing Concept）（2000年起～）

（一）對社會公益有害的情況

行銷觀念如火如荼蔓延之後，許多的社會學家對於行銷觀念使用過度的情況，提出反對的論調，例如：為了迎合消費者之利益，下列幾件事都對社會公益有害：

1. 飲料的寶特瓶罐，形成垃圾問題。
2. 強力洗潔劑汙染河川及魚類。
3. 汽車普及使都市空氣汙染。
4. 味美但高熱量、高膽固醇食品不斷出現。
5. 開發育樂區或工業區卻破壞自然生態。
6. 媒體廣告製作不當，引發社會觀念與道德日益敗壞。
7. 媒體報導內容過度浮濫，引發不良社會風氣。
8. 零售賣場銷售過期的產品。
9. 產品品質及安全控管有時疏忽，導致消費者受害。
10. 廠商獲利過高，財富集中少數人及大集團手上，形成貧富差距較大。

因此，一些行銷學者與企業界在面對此種新情況之後，進一步提出「社會行銷」的觀念，將消費者滿足、廠商利潤與社會利益結合為一體，相互兼顧，避免任何一方偏差。

(二)導入社會行銷,力求平衡

較具體來說,社會行銷的觀念,除了秉持行銷導向之基本原則外,它必須再顧及:

1. 生態環境保育。
2. 社會道德重振。
3. 社會責任的自我反省及開始負責。
4. 理智而不奢華的消費。
5. 社會資源的有效配置與使用。
6. 社會公益的回饋與對弱勢族群的捐款補助。
7. 舉辦大型文化、藝術、運動、健康、育樂等公益活動。
8. 成立學生獎學金贊助。

十 產品導向與行銷導向之示例

表1-1列舉國外一些公司,就其產品導向與行銷導向之定義做陳述。

表1-1 產品導向與行銷導向之比較

公司	產品導向定義	行銷導向定義
SK-II	我們製造化妝品 ⟶	我們銷售希望、美麗與青春
Xerox	我們生產影印設備 ⟶	我們協助增加辦公室生產力
Standard Oil	我們銷售石油 ⟶	我們供應能源
Columbia Pictures	我們拍電影 ⟶	我們行銷娛樂
Encyclopedia	我們賣百科全書 ⟶	我們是資訊生產與配銷事業
International Mineral	我們賣肥料 ⟶	我們增進農業生產力
Missouri Pacific	我們經營鐵路 ⟶	我們是人和財貨的運輸者
Disneyland(迪士尼樂園)	我們經營主題樂園 ⟶	我們提供人們在地球上最快樂的玩樂

3 行銷管理五大實戰程序與思維（Marketing Management Process）

一個完整的行銷管理程序，主要項目應包括以下各項，茲說明如下。

一 分析市場的新機會（Market Opportunity）

行銷人員的第一個使命就是要不斷去發掘與分析市場未來潛存的行銷機會。行銷的成功，通常最大的原因都是它掌握了市場的機會，而不是後知後覺的跟隨者。例如：在多年前辦公室自動化的產品並未被發覺，但現在NB電腦、影印機、數據通信專線、網際網路、微軟作業軟體、LINE、iPad、Photoshop、部落格、關鍵字搜尋、FB、IG、YouTube、抖音等都已普遍被使用。為了要分析市場機會，在行銷領域中，對行銷外在環境資訊的蒐集、研究與分析就變成重要之事。

〈案例1〉 市場商機的需求變化

(一) HiNet寬頻慢速上網→ADSL及中華電信光世代高速寬頻上網。

(二) 固定打電話（固網）→行動打電話（手機）→LINE。

(三) DHL用人、飛機傳送文件→用e-mail傳送文件→用LINE傳送。

(四) 桌上型PC→筆記型NB→簡易型小筆電→iPad。

(五) 卡帶→DVD。

(六) 風景區→主題遊樂園。

(七) 傳統商店→連鎖商店→大賣場→大型購物中心→大型Outlet。

(八) 香皂→沐浴乳。

(九) 沙拉油→健康油（橄欖油、蔬菜油）。

㈩少數人高學歷→普設大學及商業技術學院→在職碩士專班（EMBA）。

⑾一般藥品→威而鋼藥品。

⑿白金信用卡→頂級信用卡。

⒀7-Eleven賣商品→百餘種代收服務→鮮食產品（便當、漢堡、飯糰……）。→預購服務→ATM及ibon→CITY CAFE→量販預購→open小將產品→icash→OPEN POINT。

⒁有洗米→無洗米（不必洗米）。

⒂洗衣機→洗衣與烘乾一體的機型。

⒃黑白手機→彩色手機→智慧型多功能手機→5G手機。

⒄錄影機→燒錄機。

⒅傳統電視機→液晶電視機→60吋以上大螢幕液晶電視機（LED-TV）。

⒆磁碟片→光碟片→隨身碟→上雲端。

⒇高價市場→低價、平價市場商機。

㈡傳統購物→網路購物→電視購物→直播購物→網紅直播導購。

㈢傳統出版品→電子書。

㈢一般產品→有機產品→低糖、低脂產品→無糖茶飲。

〈案例2〉統一7-Eleven洞察環境新商機

國內最大的連鎖便利商店，近幾年來善於洞察環境變化所帶來的新商機，因此能夠在不景氣環境中，屹立不搖保持領先。茲列舉商品、服務如下。

(一) 推出CITY CAFE

以平價、24小時供應、便利攜帶為產品訴求，並以桂綸鎂為產品代言人，目前供應店數已普及到6,000店，每年銷售杯數超過3億杯，平均一杯以45元計算，創造年營收額約120億元，早已超越實體據點的咖啡連鎖店業績。

（二）推出「iseLect」自有品牌

在經濟景氣低迷與低價當道的時代環境中，統一超商亦大力推出飲料、零食、泡麵等近280項的自有品牌商品，以低於其他產品價格5～10%為主力訴求，受到消費者的歡迎。

（三）推出優惠早餐、午餐、晚餐組合餐

為搶食近2,000億元的「外食市場」，統一超商也以促銷價49元推出早餐優惠組合價，使三明治業績成長一倍；另外，鮮食便當也不斷更新口味，目前每年銷售近1億個便當，創造70多億元營收額。

（四）推出open小將周邊產品

統一超商強力塑造open小將虛擬玩偶及公仔人物，並開發出周邊產品，例如：玩具、配件服飾、吃的零食、文具等生活日用品，每年帶來10億元的營收業績。

（五）推出ibon平臺

在ibon平臺上可以購買職棒門票、藝文表演及演唱會門票、下載音樂、列印東西、繳費，還可以購買電影票、高鐵車票等，應用範圍廣泛。目前每天約有30萬人次在使用ibon，已比過去成長一倍以上，未來使用族群將更多。

（六）推出icash卡及OPENPOINT紅利點數

統一超商自2004年12月發行第一張icash卡之後，至今發行量已超過1,500萬張，加上實用的紅利積點，已逐步讓消費者養成使用icash卡的購物習慣及產生忠誠顧客，如圖1-6所示。

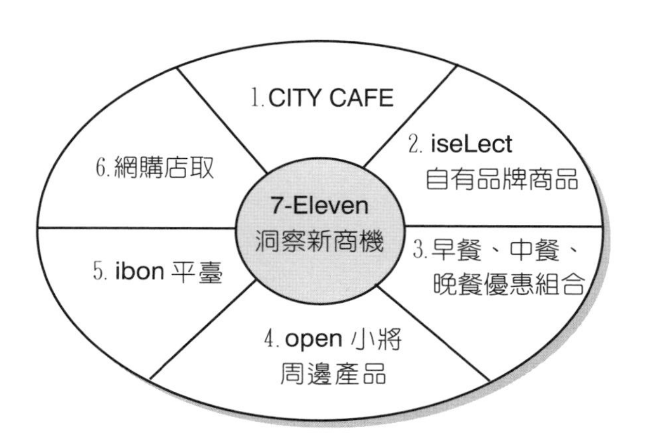

圖1-6　7-Eleven洞察環境新商機

（七）網購店取

近幾年來，B2C電商網購快速成長，已成為主流零售業，而統一超商及時推出網購店取業務，每年超過5,000萬件，方便很多上班族網購取貨。

二　研究與選定目標市場（Selecting Target Market）

要去分析與掌握市場潛在機會，顯然必須要有充分的市場資訊情報作為基礎，因此，「行銷研究」（Marketing Research）就擔負起這個責任。透過市場情報蒐集、分析與研究，可以對問題與機會更加確認，以作為行銷策略與決策之基礎。而市場區隔之目的，是為了利於選定目標市場，以期集中有限的行銷資源，針對有希望的目標市場進擊，如此才可以達成組織的使命與任務。

〈案例〉選定目標市場或利基市場

㈠學生市場（大學學雜費、出版教科書、遊樂區等）。

㈡兒童市場（安親班、托兒所、英語班、才藝班、幼教教材等）。

㈢年輕上班族市場（KTV、唱片、筆記型電腦、資訊3C、網路、手機等）。

㈣老年人市場（醫院、旅遊、健康食品等）。

㈤高所得族群市場（高級汽車、寶石、服飾、華廈、高級大飯店、名牌精品、餐廳等）。

㈥女性市場（化妝品、保養品、家居用品、服飾品、個人流行用品、連續劇、名牌精品、出國旅遊、寵物等）。

㈦男性市場（汽車、新聞頻道、休閒服飾、運動、閱讀出版、教育進修、男性精品、房地產等）。

㈧宅男、宅女市場（game遊戲、網路購物、網路社交、宅急便等）。

㈨熟女與單身市場（35～50歲女性）。

㈩低價品市場。

三　發展行銷策略（Developing Marketing Strategy）

在選定目標市場後，下一階段就是要研擬可行的行銷策略，作為一切行銷方針的指引，在發展行銷策略之時，應考量以下幾項因素。

（一）考量產品的生命週期（PLC, product life cycle）

公司主力產品在生命週期上是處在哪一個階段，會有不同的適宜策略因應。

1. 成熟期產品：百貨公司、大賣場、行動電話、家電等，強調降價活動策略及促銷活動策略為主軸的行銷策略。
2. 導入期產品：各家電信公司推出5G影音手機，大打廣告宣傳活動，以期打響知名度。

（二）考量廠商自身在現有市場之競爭地位

公司在現有市場是屬於：1.領導者；2.挑戰者；3.跟隨者；或4.利基者，各有不同、可行的行銷策略。

1. 領導者地位

如統一7-Eleven、SK-II、瑞穗鮮乳、中華電信、統一速食麵、飛柔洗髮精、iPhone手機、茶裏王、桂格、白蘭、舒潔、SONY、Panasonic、三星等，強調採取產品創新策略，不斷推出新產品或新服務，物超所值。

2. 挑戰者地位

例如：中國手機OPPO及VIVO品牌，在臺灣市場挑戰iPhone及三星手機。

（三）考量當前的經濟景氣狀況

在不景氣時代，採取低成本進貨及低價競爭策略為主軸，以提升買氣。

（四）考量在變動、形成或演變中之國內及全球市場的機會與發展

1995年以後到2015年的手機高成長期，使蘋果、三星、SONY等成為手機大公司，再如大尺寸（50～80吋）液晶電視、電漿電視、液晶顯示器等均非常看好，此即為通稱的「家庭液晶數位革命」。

四　具體行銷戰術計畫與預算計畫研訂（Planning Marketing Tactics Plans）

行銷的策略方針確定之後，接下來就是要研訂行銷戰術的細節計畫、預算、目標、方法、時程與控制等方案，以期依此計畫而達成任務目標。而具體的行銷計畫與預算計畫編列，應包括十項內容：

㈠ 產品計畫（Product Plan）。

㈡ 價格計畫（Pricing Plan）。

㈢ 配銷通路計畫（Place Plan）。

㈣廣告促銷計畫（Promotion Plan）。

㈤銷售人力組織計畫（Personal Selling Plan）。

㈥媒體公關報導計畫（Public Relation Plan）。

㈦現場銷售環境布置計畫（Physical Environment Plan）。

㈧服務作業流程計畫（Process Plan）。

㈨售前及售後服務計畫（Service Plan）。

㈩顧客關係管理計畫（CRM Plan）

上述十項，亦可稱為服務業行銷組合的8P/1S/1C組合活動，這十項組合必須協同作戰，配合良好，才會發揮攻取市場之效果。

五 執行力：執行、評估、控制與調整應變改善（Implement、Control and Adjustment）

行銷管理的最後一階段，就是要將上一階段的行銷計畫方案付諸實施，並進行定期之考核、管制與評估，以求落實預計之目標與時程。而在執行方面，牽涉到如何組織、領導、協調、激勵與訓練等。

六 小結

綜合來說，行銷管理工作的程序就是先透過市場資訊蒐集、研究與分析，然後去發掘市場的機會，透過市場區隔作業而選定廠商要攻擊的目標市場。為了要順利攻擊目標市場，因此必須要有行銷策略方針之指導，以避免方向錯誤；為了要落實行銷策略並展開行銷動作，因此必須進一步研訂行銷計畫的細節，此計畫對工作之預算、人力、時程、方法標準等皆有明確訂定。最後，要展開執行任務並且於完成後，進行必要之控制、考核與評估之工作，以了解行銷組織是否達成公司之任務與要求目標，然後再進一步做出調整與精進的改善對策，以力求做到持續性的行銷致勝總目標。

七 圖示

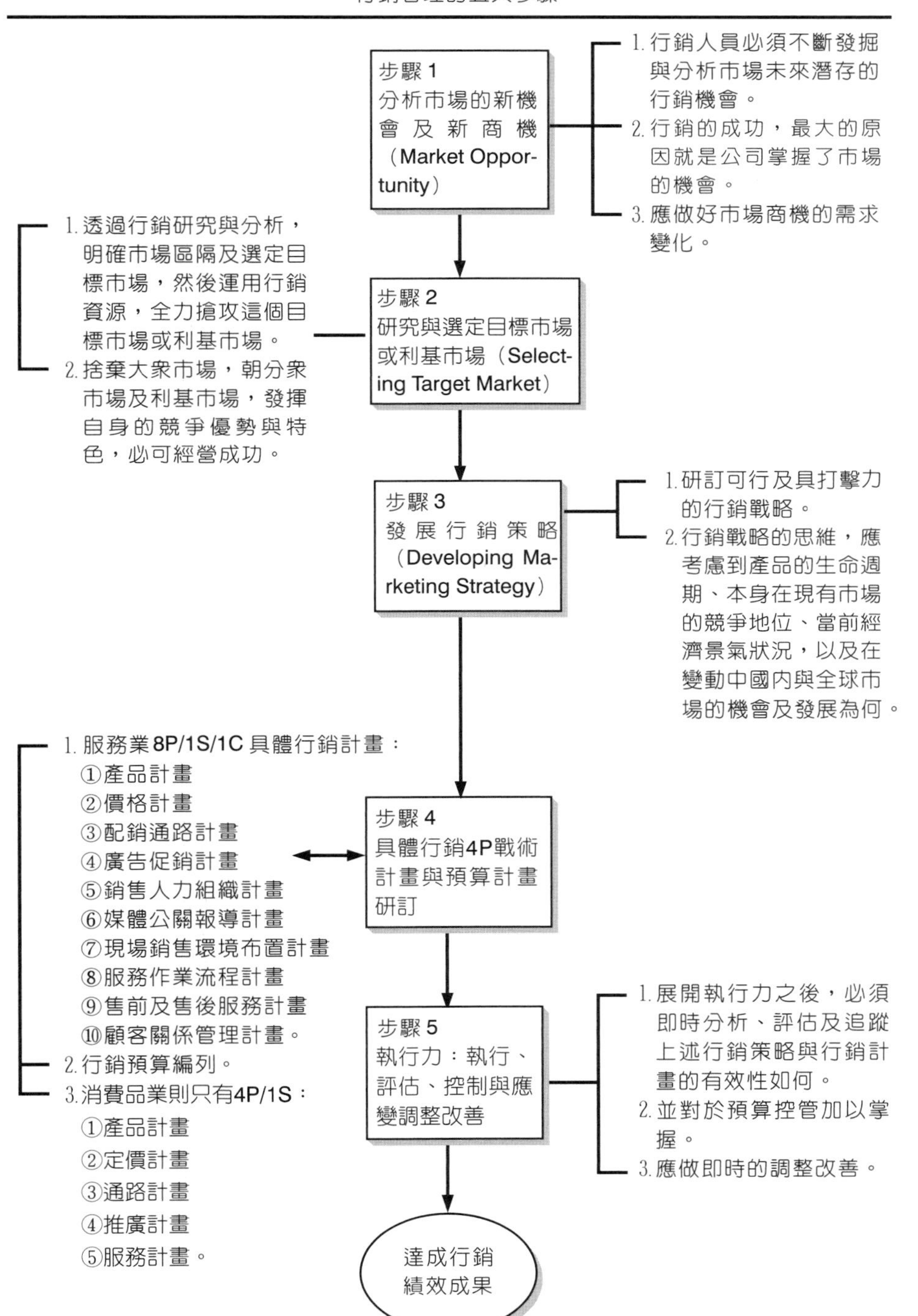

圖1-7　行銷管理的五大實戰程序與思維

4 顧客導向的信念、堅持與實踐

一 案例：臺灣統一超商7-Eleven真正成功實踐顧客導向

(一) CITY CAFE及手搖飲。
(二) 鮮食便當。
(三) ATM提款機。
(四) ibon。
(五) icash+OPENPOINT。
(六) 服務費代繳。
(七) 網購品取貨點（貨到店取）。
(八) 飯糰、三明治、麵食。
(九) 關東煮。
(十) 冷凍食品、冰淇淋。
(十一) iseLect自創品牌。
(十二) open小將。
(十三) 公仔、玩偶集點。
(十四) 賣蔬菜水果。
(十五) 設立餐桌餐椅。
(十六) 店面大型化、特色化。

二 「顧客導向」的意涵（Customer Orientation）

堅定顧客導向的信念——市場導向：

㈠顧客需要什麼，我們就提供什麼，由顧客決定一切。

㈡市場需要什麼，我們就提供什麼，由市場決定一切。

㈢只要有顧客不滿意的地方，就有商機的存在，因此要隨時發現不滿意的地方是什麼。

㈣我們應不斷研發及設想，如何滿足顧客現在及未來潛在性的需求，要超越顧客的期待。

㈤要不斷為顧客創造物超所值及不斷創造差異化的價值。

㈥顧客就是我們的老闆，也是我們的上帝。

統一超商徐重仁前總經理的基本行銷哲學：「只要有顧客不滿足、不滿意的地方，就有新商機的存在。」

「所以，要不斷的發掘及探索出顧客對統一7-Eleven不滿足與不滿意的地方在哪裡。」

〈結語：顧客導向的信念〉

「企業如果在市場上被淘汰出局，並不是被你的對手淘汰的，一定是被你的顧客所拋棄。因此，心中一定要有顧客導向的信念。」

三 「顧客導向」的觀念

㈠發掘消費者需求並滿足他們。

㈡製造你能銷售的東西，而非銷售你能製造的東西。

㈢關愛顧客而非產品。

㈣盡全力讓顧客感覺他所花的錢是有代價的、正確的以及滿足的。

㈤顧客是我們活力的來源與生存的全部理由。

㈥要贏得顧客對我們的尊敬、信賴與喜歡。

㈦實踐顧客導向：

1. 要站在「同理心」去規劃及執行。

2. 要站在「顧客情境」去規劃及執行。

㈧要永遠走在顧客的更前面。

四 如何實踐、做好顧客導向？做好VOC（傾聽顧客心聲）！

五大方向：

㈠定期進行顧客滿意度及顧客需求調查：了解顧客滿意度是上升、持平或下降，並且趕快做好改善計畫。

㈡不斷創新產品及創新服務：從創新中了解顧客是否接受，並滿足這些產品與服務。

㈢定期召集第一線門市店長、專櫃櫃長及業務人員開會討論與精進：從開會中共同集思廣益，可以為顧客做更好的服務與產品研發需求。

㈣參考國外先進國家及公司的優良做法：借鏡學習、加速自己進步。

㈤經常性在FB臉書粉絲專頁及官網中，詢問顧客還需要什麼產品及服務，隨時傾聽顧客心聲（Voice of Customer, VOC）。

五 實踐「顧客導向」的負責單位

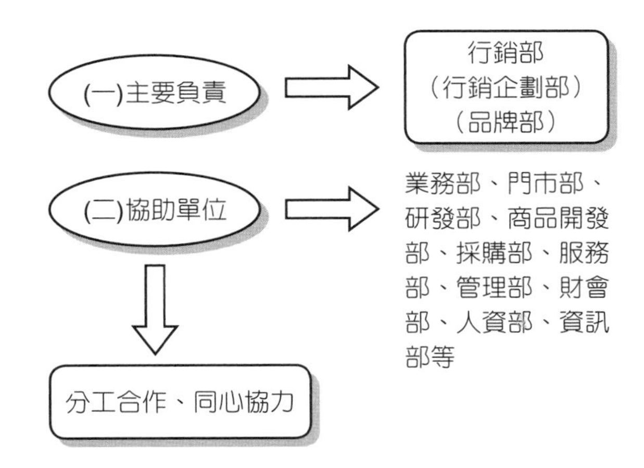

六 實踐「顧客導向」的長期利益點

㈠行銷致勝的根本基礎。

㈡企業競爭力的根本來源。

㈢企業創新的來源路徑。

㈣行銷獲利的背後力量。

七 「顧客導向」從哪裡著手？

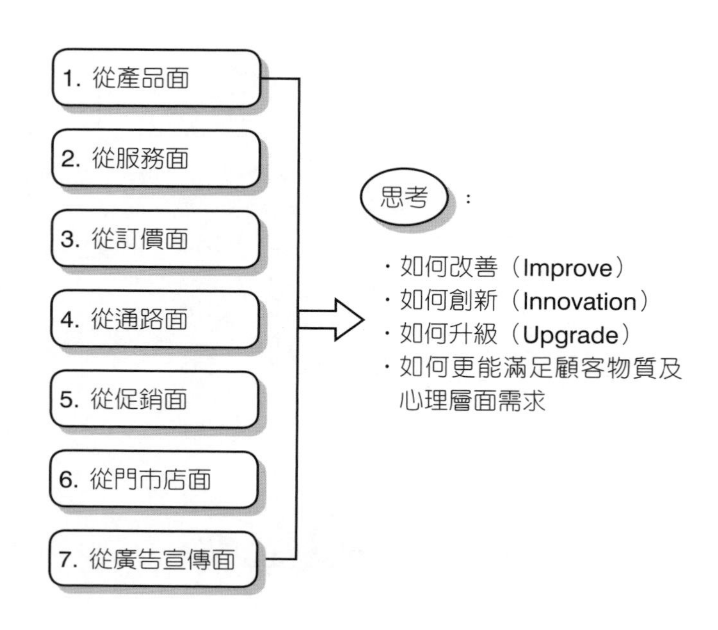

（一）實踐顧客導向——從產品面

1. 如何使品質更好、更穩定。
2. 如何使功能、效能更強、更多、更快。
3. 如何使產品壽命更長、更久。
4. 如何使產品更耐用、更好用。
5. 如何使產品設計更時尚、更美觀、更吸引人。
6. 如何使包裝更方便、更好看、更吸睛、更環保。
7. 如何更好吃、更好玩。
8. 如何有更多元選擇。

（二）實踐顧客導向——從通路面

1. 如何使實體零售通路據點更普及、更便利買得到。
2. 如何使通路虛實並進，在網購通路也能買得到（虛實並進係指在網購通路及實體店面均能買得到產品）。
3. 如何建立直營門市店、專門店、旗艦店，實現體驗行銷。
4. 如何布置在實體通路零售據點最容易找到的陳列位置及最大的陳列空間。
5. 如何設立更多的門市店，更方便顧客就近找得到我們的門市店。

（三）實踐顧客導向——從服務面

1. 如何做好VIP及VVIP的頂級服務。
2. 如何做好專人、專屬服務。
3. 如何延長服務時間。
4. 如何做好顧客問題解決能力。
5. 如何提供各種保證、保障目標。
6. 如何做好快速服務，最好24小時完成維修服務。
7. 如何做到品質一致性的高級服務。
8. 如何做到感動服務。

（四）實踐顧客導向——從促銷面

1. 如何做到顧客最想要的促銷種類（如買一送一、全面五折、滿千送百）。
2. 如何做到各種節慶、節日都有促銷活動。
3. 如何做到生日優惠活動。
4. 如何做到全產品線都有優惠活動。
5. 用優惠措施，回饋忠誠顧客。

（五）實踐顧客導向——從訂價面

1. 如何盡可能降低成本，進而降低售價，回饋消費者。
2. 訂價不能有暴利（除了少數國外名牌精品），而是正常利潤。
3. 遇有原物料漲價，須注意售價調漲幅度要合理。
4. 訂價要讓消費者有物超所值之感，願意再回來買。

八　全員都要有「顧客導向」觀念

企業組織內部每一個部門及每一位員工，都必須有顧客導向的觀念及企業文化、組織文化。

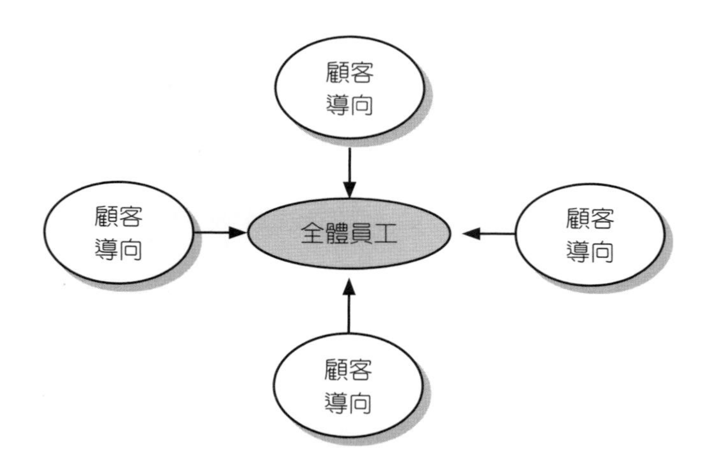

九　有些公司不能落實「顧客導向」的原因

㈠ 老闆沒有這種行銷概念。
㈡ 高階主管團隊沒有這種行銷概念。
㈢ 公司為了省錢的錯誤觀念。
㈣ 部屬不敢堅持或不敢提出。

㈤有此觀念，但在執行過程中出了問題。

㈥缺乏建立傾聽顧客心聲的機制或制度。

㈦整個企業缺乏這種企業文化。

十 7-Eleven的行銷哲學㈠（新商機來源）

有新商機存在的情況：

㈠顧客不滿足。

㈡顧客不滿意。

十一 7-Eleven的行銷哲學㈡（如何滿足顧客）

思考新商機：

㈠如何讓顧客更滿足！

㈡如何讓顧客更滿意！

㈢要超越顧客的期待！

十二 7-Eleven的行銷哲學㈢（核心所在）

十三 7-Eleven的行銷哲學㈣（站在顧客情境）

㈠大家一起動腦，一起集思廣益。
㈡站在顧客情境，設身處地的想。
} 真正實踐顧客導向！

十四　追求顧客滿足與滿意，永遠沒有止境

追求顧客滿足與滿意的工作是沒有止境的，要永遠的做下去！

5 為消費者創造高性價比、高CP值

一　創造高的「性價比」、「高CP值」或「高CV值」

(一) 產品高性價比：$\frac{\text{性能}}{\text{價格}} > 1$

(二) 產品高CP值：$\frac{\text{Performance}}{\text{Cost}} > 1$

（以上二者）具有物超所值度

（Cost指成本，Performance指得到的效益）

例如：$\frac{2{,}000\text{ 元}}{1{,}000\text{ 元}} = 2 > 1$

（註：CP值：Consumer Performance）

(三) 產品高CV值：$\frac{\text{Value}}{\text{Cost}} > 1$

CV值：Consumer Value

從創造價值觀點去思考產品開發。

二　高CP值的四大好處

消費者感受到高CP值、高性價比的四大好處：

(一) 才會持續再購，回購率會更高、黏著度會更強！

(二) 慢慢養成忠誠型顧客。

(三) 才會散播好口碑。

(四) 品牌形象才會建立。

三 努力提高CP值

因此廠商要努力：

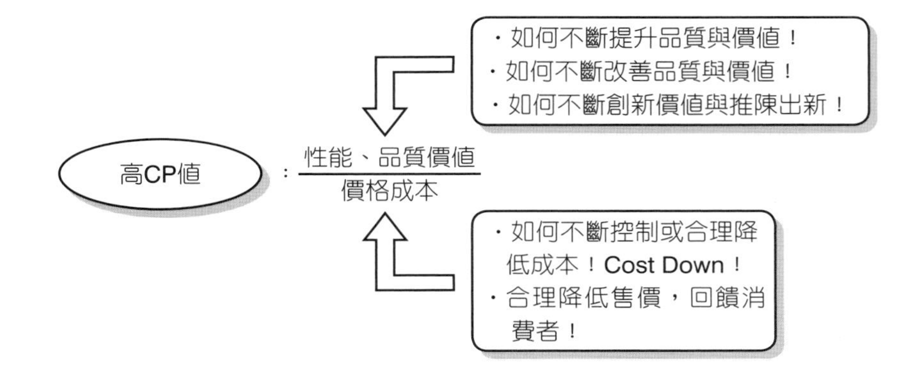

四 提高CP值，廠商二大努力方向（提高價值、降低成本）

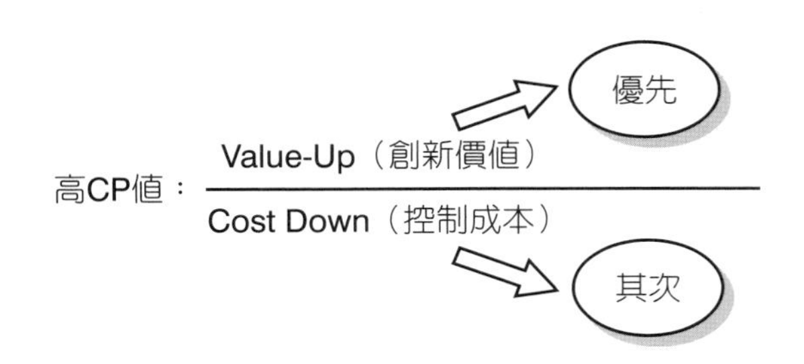

五　企業保持成長的關鍵：持續創新產品、創新價值

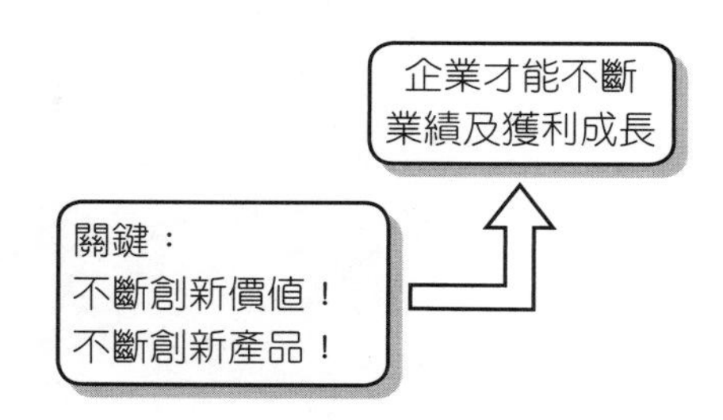

六　近幾年來，臺灣不斷保持業績及獲利成長的公司

(一) TOYOTA汽車（和泰汽車）。
(二) 統一7-Eleven。
(三) 桂格。
(四) 全家。
(五) 臺灣Apple（iPhone）。
(六) 台積電。
(七) 臺灣花王。
(八) 萊雅、寶雅。
(九) 麥當勞。
(十) SONY及Panasonic。
(十一) momo購物網。
(十二) 臺灣三星。
(十三) SOGO百貨。
(十四) 臺灣星巴克。
(十五) 全聯福利中心。
(十六) COSTCO、家樂福。
(十七) Dyson吸塵器。

七 No.1！最重要的事！創新價值是全體部門共同負責的事！

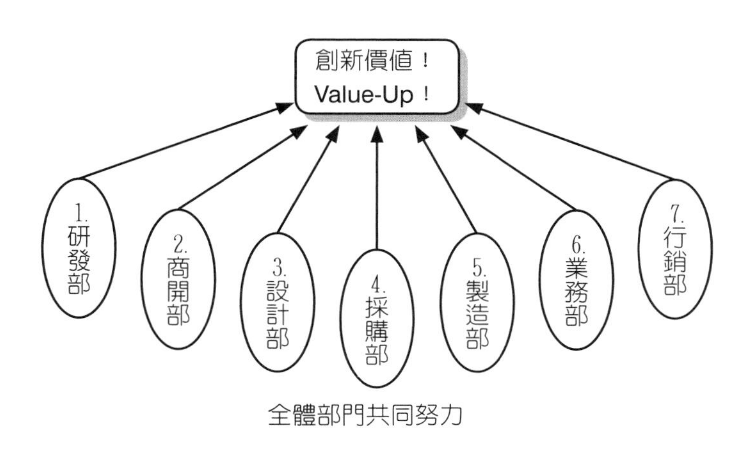

八 成功創新價值案例

(一) Google。
(二) 7-Eleven。
(三) Dyson家電。
(四) 特斯拉電動車。
(五) YouTube。
(六) Apple（iPad、iPhone、iPod）。
(七) 好萊塢電影。
(八) 台積電。
(九) Facebook、IG。
(十) 三星。
(十一) SONY及Panasonic。
(十二) 王品、瓦城餐飲。
(十三) LINE。
(十四) Amazon（美國亞馬遜網購公司）。
(十五) momo網購。

九　全國最大咖啡及便當公司：7-Eleven

㈠每年賣出3億杯CITY CAFE。

㈡創造價值：3億杯×45元＝約135億元營收。

㈢每年賣出：1億個便當、麵食。

㈣創造價值：1億個×70元＝70億元之營收。

6 消費者洞察（Consumer Insight）

一　領先成功「洞察消費者」的案例

㈠成功洞察或探索消費者需求！

㈡創造出新商機！

㈢獲得新利潤！

例如：

- 三星智慧型手機：首推5～6.4吋大畫面手機。
- SONY：40～80吋大畫面液晶電視機。
- Canon：數位照相機。
- Apple：iPhone、iPad。
- 蘇菲：長尺寸女性衛生棉。
- 7-Eleven：鮮食便當、麵食、CITY CAFE、店內餐桌、店面大型化、網購店取。
- 桂格：大燕麥片及燕麥飲（降低膽固醇）。

二 哪些單位負責消費者洞察

㈠R & D（研發部）。
㈡商品開發部。
㈢業務部（營業部）。
㈣行銷部。
㈤設計部。
㈥門市部。

三 消費者洞察，洞察什麼？

五大洞察力：
㈠消費群人格特質與特色。
㈡消費群的消費理念價值、消費觀。
㈢消費群的內心需求與渴望。
㈣消費群的消費行為與行動。
㈤消費群的思考點。

（一）洞察：消費群的人格特質與特色

洞悉某一群人、某些目標消費族群，他們的人格特質、特色、現象、想法與生活方式到底為何。

（二）洞察：消費群的理念價值

1. 人生價值觀。
2. 消費觀。
3. 品牌觀。
4. 用錢觀。
5. 價格觀。
6. 美學觀。
7. 娛樂觀。
8. 喜好觀。
9. 代言人觀。
10. 生活觀。
11. 工作觀。
12. 平價觀。

13. 廣告觀。
14. 媒體使用觀。

（三）洞察：消費群的內心需求與渴望

1. 內心潛在需求。
2. 內心渴望。
3. 內心期待。
4. 內心盼望。
5. 內心快樂。
6. 內心滿足。
7. 內心喜好。
8. 內心偏愛。

（四）洞察：消費者的消費行為、消費行動

1. 購買通路偏好行為。
2. 購買動機。
3. 購買原因。
4. 購買受影響因子。
5. 對促銷活動的回應程度。
6. 對降價或漲價回應程度。
7. 對科技產品購買偏好。
8. 對每次購買數量。
9. 對每次使用數量。
10. 對購買週期性。
11. 受廣告影響消費程度。
12. 受口碑影響消費程度。
13. 對某個品牌了解與喜好程度。
14. 低價格追隨者或者品牌追隨者。
15. 使用的感受與評價。

（五）洞察：消費群的思考點

1. 購買此產品的思考點。
2. 購買此品牌的思考點。
3. 購買此品項的思考點。
4. 透過此通路購買的思考點。
5. 於此時段購買的思考點。
6. 促銷期間的思考點。
7. 更換另一種品牌的思考點。
8. 改變通路購買的思考點。
9. 對產品價格上漲的思考點。
10. 停止購買此品牌的思考點。
11. 新購買此品牌的思考點。

四 如何觀察、分析、解讀、洞察消費者之十四種做法

(一)店內結帳使用的POS系統（銷售據點資訊情報系統）（Point of Sales）。

(二)電話訪問量化調查法。

(三)網路調查法（On-Line Survey）及手機行動調查法。

(四)現場實地觀察及調查法（Field Survey）。

(五)焦點團體座談會質化調查法（Focus Group Interview, FGI）。

(六)賣場跟隨調查法。

(七)居家使用調查法（Home Use Test, HUT）。

(八)臉書意見反映調查法。

(九)大數據（Big data）預測法。

(十)門市店人員意見反映。

(十一)專櫃人員意見反映。

(十二)外界研究機構調查結果。

(十三)大量閱讀國內外相關領域新聞報導、書報雜誌報導及專題報導。

(十四)運用網路媒體的社群聆聽（Social Listening）。

五 蒐集顧客意見的多種可行方法

(一) 銷售資料及其他次級資料

例如：POS每天的即時銷售資料結果等。

(二) 調查蒐集（原始資料調查法）

1. 郵寄問卷或家庭留置問卷。
2. 焦點團體座談會（Focus Group Interview, FGI）。
3. 電話問卷訪談。

4. 手機問卷填寫。
5. 網際網路（e-mail、網友俱樂部、網路民調）。
6. 家庭訪談及家庭親身觀察生活與需求，此亦稱居家生活調查。
7. 到店頭、賣場、門市店等第一線蒐集情報，亦稱到現場觀察及詢問消費者各種問題。
8. 通路商、經銷商、代理商的意見提供。
9. 臉書及IG粉絲們反映的意見。

（三）其他方法蒐集

1. 店面內意見表填寫。
2. 0800免費電話（客服中心）。
3. 員工提供意見。
4. 店經理人員對顧客的觀察／應對。
5. 神祕客（由公司派人或委託外界企管顧問公司喬裝調查，簡稱神祕客，是服務業監控服務品質常用的做法）。
6. 督導監視人員（區域經理、區域主管、區域顧問）。
7. 國外資料情報或出版刊物之意見上網蒐集參考。
8. 官網之網路俱樂部設立或臉書粉絲專頁設立以蒐集意見。

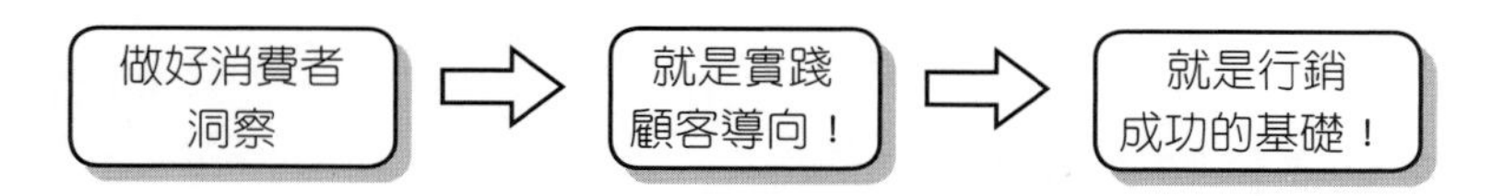

自我評量題目

1. 試說明行銷之定義。
2. 試說明行銷觀念（或哲學）歷經哪五大階段？
3. 行銷學者李維特（Levitt）曾提出行銷近視病（Marketing Myopia）的論點，請說明其意義，以及此論點對行銷人員之涵義與啟示為何？
4. 何謂「社會行銷觀念」（Social Marketing Concept）？試說明之。
5. 何謂「行銷管理五大程序」？試說明之。
6. 何謂FGI？
7. 何謂神祕客調查？
8. 何謂HUT調查？
9. 何謂POS？
10. 何謂Consumer Insight？
11. 何謂高性價比？高CP值？高CV值？
12. 高CP值的四大好處為何？
13. 7-Eleven的行銷哲學核心所在為何？
14. 何謂Custumer-Oriented？
15. 請舉出至少5種市調方法。
16. 何謂Social Listening？

第二章

市場與需求

一　市場與需求（Market and Demand）

（一）「市場」的意義與觀念

1. 所謂市場（Market），乃包括一群顧客（消費者或公司用戶）之集體名稱。
2. 市場裡之顧客必須符合以下三條件：
   (1)具有某種待滿足之需要
   可藉該種產品或服務得到解決，亦即要有需求。例如：想購買機車或汽車作為上班的交通工具；結婚了，希望買個房子住。
   (2)具有可供支用之購買力
   能夠取得該產品或服務，亦即要有財力。例如：購買車子或房子必須要準備頭期款，其餘的用貸款，或者一次付清也可以。
   (3)具有支用之願望

（二）市場基本類型

一般而言，市場可因購買對象來源不同，而區分為以下五種類型。

1. 消費者市場

其購買目的為提供個人或家庭消費用途，而非營業用途。

2. 工業市場

其購買目的為提供製造、轉售或其他營業用途。

3. 政府市場

隨著政府所擔負功能之擴大，每年預算支出巨大數額於購買多種產品及服務，使得政府機關本身也形成一重要市場。

4. 非營利市場

此類顧客所追求者，並非利潤或投資報酬率，而可能是提供社會服務，增進社會福利，例如：學校、醫院、教會、基金會、研究機構等。

5. 企業市場

其購買目的係為企業內部工作所需，例如：總務採購、會計文書、行政文書、行銷研究、調查委託、資訊委託、主管用車委外等作業。

（三）有效市場的特性

所謂市場是一種產品特性之所有實際與潛在客戶之集合體，而這群客戶應具有以下三種特性。

1. 有興趣（有需求）

需求與興趣是市場形成的基本要素，沒有興趣及沒有需求，市場的交易動機就無法形成。

2. 有所得（有錢、消費力）

除興趣外，還必須有能力（所得）去購買才行。因此，一個市場的大小，往往是由興趣與收入兩項所組成之函數。

3. 可接近的（知道哪裡可買到）

市場的大小，常會因個人接近障礙（Access Barriers）而進一步被削減。因此，一個有效市場應是指一群消費者的集合體，而這些消費者對此一特定市場有興趣、有收入能力購買，以及有良好暢通的接近管道。

（四）「市場需求」之定義

一個較完整的市場需求定義為：「某一產品的市場需求是在既定的行銷計畫下，在一定的行銷環境、一定的期間、一定的地理區域下，某特定之顧客群體將會購買的產品總量。」依此定義來看，可知包含八項要素：

1. 要有產品範圍。
2. 可用總量來衡量（Total Volume）。
3. 需有購買行動（Bought）。
4. 是針對某特定顧客群體（Customer Group）。
5. 需界定其地理區域（Geographical Area）。
6. 應根據某一特定期間來衡量（Time Period）。
7. 曾受行銷環境之影響（Marketing Environment）。
8. 曾受廠商行銷方案（Marketing Program）之因素影響。

總之，市場需求不是一個固定的數目，而是一個函數；因此它又被稱為「市場需求函數」，或「市場反應函數」（Market Response Function）。

例如：某百貨公司某週內的週年慶八折，其業績就比過去成長一倍，此表示市場需求量在價格戰刺激下，有了很大的成長。

（五）市場總潛量（Total Market Potential）

所謂市場總潛量乃是在一定的環境條件下、一定的期間及一定的產業行銷努力水準下，產業內所有公司所可能達到的最高銷售量（或金額），亦即：

Q＝n（購買總人數）×p（單價）×q（每人購買數量）

例如：60吋液晶電視機單價2萬元，全國500萬戶家庭若有80%更新購買此液晶電視機，即有400萬臺潛力市場，乘上每臺2萬元，即表示有800億元市場總潛量。

400萬臺×20,000元＝800億元總產值

（六）預測未來的需求（Estimating Future Demand）

有關需求預測有幾種常用方法：

1. 購買者意向調查（Surveys of Buyer's Intention）

可透過問卷調查、座談會以及深度訪談等途徑，以了解消費者未來購買之意向，此為最直接方式。

2. 銷售人員意見之綜合（Composite of Sales-Force Opinion）

銷售人員常在第一線作戰，對市場發展最敏感，其意見應受到重視。

（註：Sales-Force即表示銷售人員或銷售群。）

3. 專家意見（Expert Opinion）

包括經銷商、供應商、研究學術機構、顧問公司等。

4. 市場測試法（Market-Test Method）

此對於市場做直接銷售測試，以求得實際之初步了解。

5. 時間數列分析法（Time-Series Analysis）

此係以過去銷售資料為基礎做成市場預測，其基本假設為：過去資料乃為公司持續因果關係之一種表示，此關係可藉統計分析而發現，故這些因果關係可用以預測未來的銷售。例如：對某一產品過去銷售額（Y）之時間數列，可將之區分為四個成分：

(1) 長期趨勢（T, Trend）。

(2) 循環變動（C, Cycle）。

(3) 季節變動（S, Season）。

⑷不規則變動（E, Erratic events）。

6. 統計需求分析法（Statistical Demand Analysis）

上述方法將過去及未來之銷售額都視為時間之函數，而與任何實際的需求因素無關，不過實際上卻未必如此。統計需求之分析，即在指出一些影響銷售最重要的因素與它的相關影響，這些因素包括價格、所得、人口、促銷活動等，例如：應用複回歸分析技術、多變量統計分析等。

二 市場占有率（Market Share）

（一）意義

所謂市場占有率係指某廠商在某一定期間內，其銷售額（或量）占總產業或占所服務之市場，或占相對於競爭者總產量收入之比率大小而言。

（二）分類

1. 全部市場占有率（Overall Market Share）

係指公司銷售額占產業銷售額之百分比而言，例如：假如某公司製造牙膏，每年營業額4億元，而估計整個牙膏市場約為10億元；那麼就可以說，某公司的市場占有率為40%。

2. 服務市場占有率（Served Market Share）

係指公司行銷能力可及之市場裡，公司之銷售額占可及服務市場的總銷售額而言。例如：某產品市場總銷售額可達20億元，但其中5億元係屬特殊市場，為某公司所無法服務者；如果某公司之銷售額2億元，那麼市場占有率為13%（2億元／15億元）。

自我評量題目

1. 試說明有效市場之特性。
2. 要衡量市場的需求，有哪幾種型態？試概述之。
3. 何謂市場需求之定義？
4. 廠商有哪些方法可預測未來的需求？請說明之。
5. 工業市場有何特徵？試說明之。
6. 何謂市場？請說明其意義及類型。
7. 試述企業市場的內容有哪些？
8. 試說明市場占有率之意義及類型。

第三章

行銷環境變化與消費者主義

1 行銷環境

一 行銷環境意義

行銷環境（Marketing Environment）係指公司在設計行銷策略與執行行銷戰術方案時，所遭遇之「不可控制」（Uncontrollable）的角色（Actors）與力量（Forces）。亦即這些角色行為者與其力量，將對行銷人員管理機能之發揮產生衝擊。

茲圖示行銷之個體環境與總體環境如下：

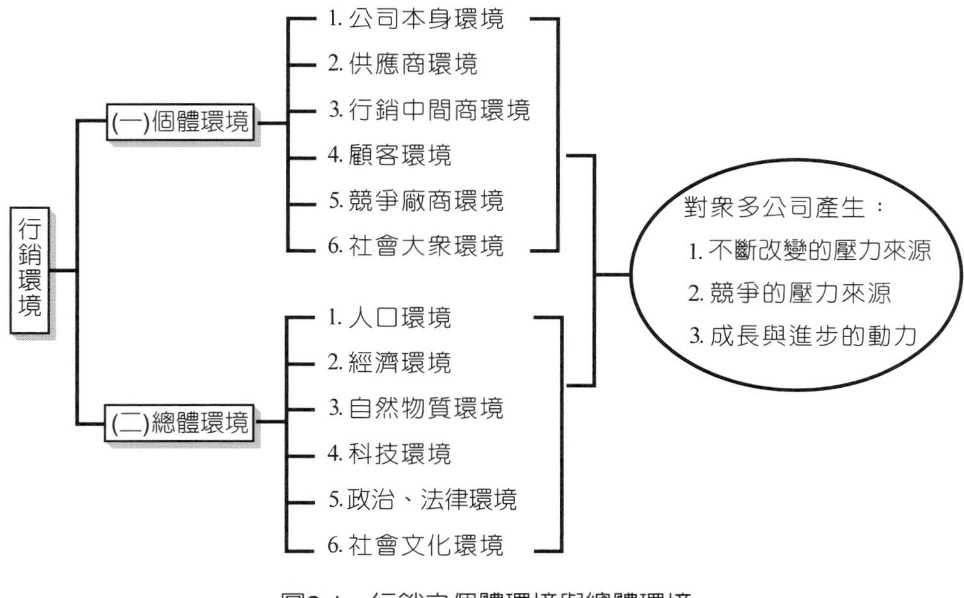

圖3-1　行銷之個體環境與總體環境

〈舉例〉

(一)經濟環境

股市低迷、經濟衰退、2003年SARS疫情、2020年新冠病毒、國際股市、2008年全球金融海嘯、美國經濟景氣狀況等,對國內消費市場與行銷活動造成打擊。

(二)科技環境

數位科技、AI人工智慧科技、無線科技、奈米科技、網路科技、液晶面板科技、光纖科技等對新產品發展的助益很大,包括:4G/5G智慧型手機、液晶電視、液晶顯示器、網站服務、數位相機、電子書、平板電腦、3D電影、AI人工智慧。

(三)政治與法律環境

《電信法》、《石油管理法》、《有線廣播電視法》等開放,使得行動電話、固網電話、民營台塑石油、有線電視頻道等蓬勃發展。未來,如果政府能再開放中國家電及食品飲料等進口到臺灣來,將造成另一波影響。

(四)通路環境

電視購物、網路購物及型錄購物等無店鋪、虛擬通路的崛起,改變過去單靠實體據點通路現象。另外,大型量販店、大型購物中心及百貨公司、大型Outlet亦日益普及。

(五)競爭環境

例如中國手機華為、OPPO、VIVO、小米等四大品牌進軍臺灣市場,引起手機市場更大競爭。

（六）人口環境

臺灣人口也像日本一樣漸趨老化，65歲以上老年人口比例已突破20%，而新生人口卻日益減少。在以前最高峰時，新生嬰兒每年有45萬人，但到2022年時，每年新出生人口已跌到15萬人，大幅減少，只剩1/3新生人口。此對國內消費市場及教育市場，都形成不利的影響。

（七）顧客環境

顧客環境也產生很大變化，亦即顧客的選擇機會增加很多，可多做比較，尋求價格、品質、供貨時間、品牌及分期付款條件最好的一家。

二　總體環境（Macroenvironment）

（一）人口的環境（Demographic Environment）

行銷人員對人口環境感到興趣，乃是因為人口構成了市場，人口愈多，市場才會愈大。因此，對於有關世界人口數量、地理分布、人口密度、年齡分布、出生率、結婚率、家庭組合、死亡率、種族、宗教等都有必要加以探討。在人口環境中，有幾點變化值得提出來：

1. 人口結構日趨老化。例如：日本、歐洲、美國及臺灣、中國等先進國家，均呈現人口老化現象。
2. 嬰兒出生率日益下降。教育水準愈高的國家，人口出生率愈低，少子化現象明顯。
3. 更多的職業婦女及單身族。
4. 小家庭日益增多。
5. 教育水準不斷提升。
6. 種族衝突仍偶有所見。

7. 結婚年齡上升。

8. 離婚率上升／不婚率上升。

9. 銀髮族增多。

10. 單親家庭增多。

（二）經濟環境（Economic Environment）

人口多可以形成市場，但尚需足夠的所得及購買力來支撐才算完整。行銷人員對於經濟環境，應注意以下幾項變化：

1. 消費者所得的增加狀況。
2. 消費者支出型態的變化。
3. 經濟景氣預測。
4. 利率水準、儲蓄與貸款情況之了解。
5. 失業率上升狀況。
6. 股市漲跌狀況。
7. 公務人員及民間企業調薪情況。
8. 外銷成長狀況。
9. 貧富差距狀況。
10. 通貨膨脹及物價上升發生。

（三）自然物質環境（Physical Environment）

1. 環境汙染的程度不斷增加與如何預防（電動機車及電動汽車的日漸普及）。
2. 政府對自然資源與環境管理日漸加強之了解。
3. 未來能源的成本、替代品區域與數量之變化。
4. 全球各國、各大企業努力減碳。

（四）科技環境（Technological Environment）

科技可說是影響人類命運的最大力量，科技對人類生活用品、工具、醫學等均有革命性之突破與改善。因此，行銷人員對於科技環境，應注意以下幾項變化：

1. 科技的急速改變（例如：台積電公司的半導體晶片快速發展及全球性需求大增）。
2. 無限的創新機會。
3. 鉅額的R & D費用。
4. 集中在小小的改良，而很少有大發明。
5. 增加對科技移轉之管制。
6. 半導體、5G通訊、AI科技的不斷進步突破。

（五）政治、法律環境（Political and Legal Environment）

這方面有三項比較明顯且影響深遠之變化：

1. 政府對企業管理與產業管制性之不合時宜法令，已逐漸鬆綁，甚至採取積極獎勵措施，例如：國內有《產業創新條例》、《企業併購法》、《金控控股公司法》、金融資產證券化等；而《公平交易法》也採取非重大結合事業之報備制，而非事前許可制。
2. 政府機關管制執行之機構紛紛成立，而且態度較以往更加嚴格。
3. 大眾利益團體或遊說團體紛紛形成，而且與國會議員相結合，對政府做合理的政策反映及溝通。

（六）社會、文化環境（Social and Cultural Environment）

社會文化的一些特性，仍對行銷決策有影響力存在：

1. 每個文化都包含許多次文化（Subculture）。
2. 核心文化的價值觀仍有很高的持續性。
3. 核心文化之外的次級文化價值觀也形成潮流。

上述說明圖示，如圖3-2。

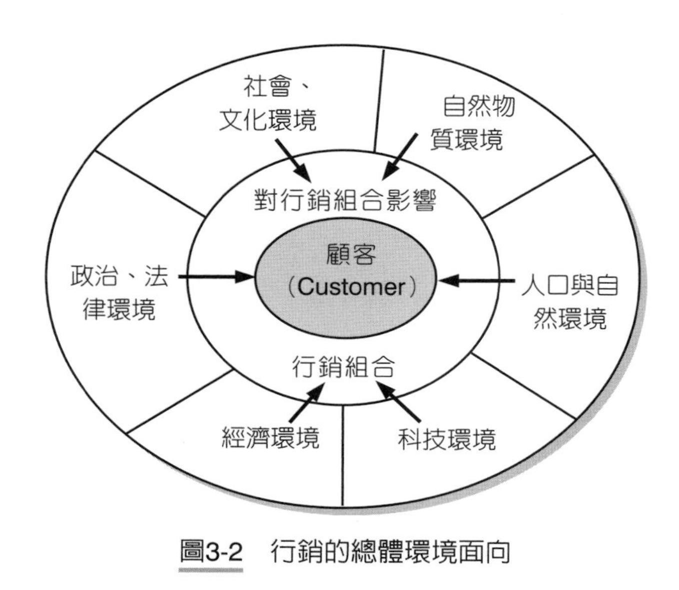

圖3-2　行銷的總體環境面向

三　十二種行銷環境變化與帶來的商機

最近行銷環境的變化及其所帶來的新商機，主要可歸納為下列十二項。

（一）科技環境改變及其新商機

近幾年來，在資訊科技、網際網路、無線數位、能源、面板、電機及AI等科技領域的急速突破，為廠商帶來不少新商機，包括：數位照相機、小筆電（8～10吋筆記型電腦）、iPhone、液晶電視機、電動汽車、電動機車、電動自行車、電子書、YouTube、Twitter（推特）、Facebook（臉書）、Google（谷歌）、IG、網路購物、iPad平板電腦及LINE、5G、摺疊式手機等均屬之。

（二）經濟景氣低迷帶來低價（平價）產品新商機

迎接低價當道、低價為主時代的到來，低價或平價產品確實受到很大的歡迎，包括：統一超商的平價CITY CAFE、85度C咖啡的低價蛋糕、日本第一大平價服飾連鎖店UNIQLO、GU、NET、平價超市全聯福利中心、家樂福低價自有品牌產品、低價吃到飽餐廳、低價山寨手機、低價網路購物、低價航空等。

（三）人口環境變化及其新商機

少子化使父母親更願意為子女付出高代價，例如：才藝班、資優班、童裝、私立小學、出國親子旅遊等。人口老年化，也使銀髮族商機升高，包括健康食品、保養品、健康運動器材等，都比以前賣得更好。

（四）健康環境變化及其新商機

由於中年以上的上班族對於吃的健康相當重視，因此低糖、低鹽、低油、低脂肪的飲料及食品也出現在市面上，包括茶飲料、鮮奶飲料、咖啡飲料、啤酒飲料、奶粉等，均如此強調。另外中老年人的保健食品，如葉黃素、益生菌、維他命等也都大幅成長。桂格燕麥片降低膽固醇、血脂等，亦受到重視。此外，還有有機產品的經營亦漸有起色。而白蘭氏雞精、格桂養氣人蔘等，亦成為到醫院探視病人的贈送禮品。

（五）宅經濟環境變化及其新商機

面對有上百萬年輕宅男、宅女族的出現，一些宅商品及服務，例如：遊戲（Game）、網路購物、社群網站〔Facebook、IG、YouTube、Tiktok（抖音）等〕、宅配運送業者及快送到家的foodpanda及Uber Eats等，亦相應崛起。

（六）單身熟女環境變化及其新商機

目前30～45歲未婚女性比例高達三成多，45～55歲未婚女性比例亦有一成，這些熟齡未婚單身女性日漸增多，而其經濟能力亦頗獨立，她們也是一群很大的消費主力，包括購買精緻套房、出國旅遊、購買精品、吃好穿好，都是明顯的行銷對象。

（七）外食環境變化及其新商機

由於年輕或已婚女性工作上班忙碌，加上煮菜經驗不夠豐富。因此，中餐及晚餐在外食用的機會增多，所以，中餐、西餐、速食、簡餐及便利商店便當等餐飲生意增加不少。

（八）旅遊環境變化及其新商機

國內外旅遊始終是男性或女性一生喜愛的活動，因此，網路旅遊服務業及旅行社服務等生意始終是不錯的。加上中國開放旅客來臺，每年也湧進幾十萬人，這對國內大飯店、旅館、夜市、交通運輸業、地方特色產品業等，都帶來很大的成長商機。

（註1：民進黨執政後，陸客已停止來臺灣旅遊了。）

（註2：2020～2022年全球因新冠疫情，使得旅遊業大幅衰退。）

（九）節能減碳環境變化及其新商機

在全球節能減碳風潮下，汽車業、日光燈業、自行車業、機車業等，亦都紛紛推出更具減碳、節約能源的電動機車、電動汽車、新型產品，此又帶動了市場新需求。

（十）便利購物環境變化及其新商機

便利需求一直是消費者所需要的。因此，未來在創造購物便利性的連鎖加盟業、連鎖直營業及大型購物中心、便利超市、超商等業別方面，仍將會持續成長。

（十一）促銷環境變化及其新商機

因應景氣低迷、保守消費下，廠商唯有透過每月的主題式促銷活動，才能將顧客吸引到店裡來消費。因此，各式各樣的促銷活動將是行銷上必要且日常的工作之一。

（十二）美麗環境變化及其新商機

追求外貌美麗仍是絕大多數女性的終身希望。因此，凡是可以促進美白、抗老化的化妝保養品與整型醫美、醫療，以及外在女裝服飾、女士鞋、女性配件等亦將是不會衰退的行業。

茲將上述十二種行銷環境變化及其所帶來的新商機，彙整如圖3-3所示：

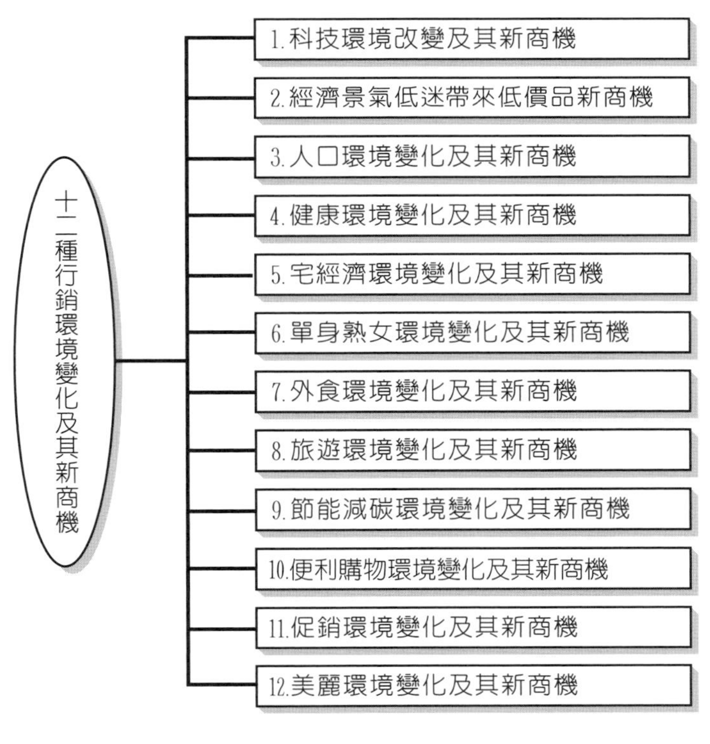

圖3-3　十二種行銷環境變化

四　如何掌握行銷環境的變化，九種做法！

既然行銷環境是如此的重要，而且影響企業又是如此重大，那麼，企業及行銷人員應該如何掌握行銷環境的變化呢？大致有以下幾種做法：

㈠多閱讀各種書報雜誌的報導，以了解國內外環境的變動。

㈡多出國參訪及考察，透過到全球各國，例如：日本、美國、歐洲及韓國、中國等地區，藉以蒐集這些國家的環境最新變化與趨勢。

㈢多向產業界專家、學者請教，包括各行各業的先進或學術研究機構。

㈣訂閱各種收費的專業調查報告，從這些專題報告中，獲得資訊情報。

㈤花錢請各地的產業調查公司或市場調查公司，展開各種專題式的調查報告。

㈥多向上游供應商及下游通路商洽詢情報及研討，以獲知各種可能的變化及趨勢。

㈦多與消費者或目標顧客群舉行焦點座談會，深度討論消費者心理及生理需求的變化，以透澈洞察消費者心裡的想法、消費觀有何改變及潛在需求的變化是什麼。

㈧多與政府主管單位接觸，以了解政府政策的走向，以及未來法令的改變及調整是什麼。

㈨多與國外策略合作夥伴們做溝通及訊息交流，可以從對方那裡獲取一些資訊情報。

五　因行銷環境變化而使產品或行業衰退

茲列舉一些因行銷環境變化而使產品或行業衰退及落沒之案例，說明如下。

㈠小筆電崛起→使傳統大型筆電（15吋）逐漸衰退。

㈡傳統型自行車落沒→現代化、輕巧型、高級型、可摺疊及電動自行車崛起。

㈢傳統映像管大型電視機消失→現代薄型、平面、美觀、少占空間的液晶電視機崛起。

㈣傳統照相機逐漸消失→數位照相機崛起，又被手機照相取代。

㈤傳統底片沒落衰退→數位沖洗相片、電腦上或手機上觀看。

㈥光碟片減少→隨身碟崛起→雲端崛起。

㈦傳統手機逐漸減少→4G、5G智慧型手機取代崛起。

㈧傳統隨身聽消失→數位隨身聽崛起。

㈨傳統洗衣粉減少→洗潔精普及。

㈩固網電話使用減少→手機行動電話使用大增。

⑾傳統平面報紙虧錢關閉（如《中時晚報》、《民生報》、《大成報》、《星報》等）→網路閱讀新聞、有線電視新聞崛起取代、手機閱讀新聞及觀看新聞崛起。

⑿傳統三家無線電視臺（台視、中視、華視）收視率衰退→被TVBS、三立、東森、緯來、八大、年代、非凡等有線電視臺所取代。

⒀傳統雜貨店衰退→被現代化的7-Eleven等便利商店所取代。

⒁傳統可口可樂飲料衰退→被茶飲料、咖啡飲料、鮮奶飲料、豆漿飲料等所取代。

⒂實體店面零售業生意被無店鋪零售業所瓜分→網路購物、電視購物、型錄購物崛起。

⒃傳統郵政快遞業務衰退→被現代化、快速化的宅配公司（例如：統一速達黑貓宅急便等）及快送公司（例如：foodpanda及Uber Eats）所取代。

⒄傳統唱片公司衰退→被網路音樂下載所取代。

2 最新兩極化M型消費趨勢

一 商品市場的兩種變化

在日本、臺灣或全球，由於市場所得層的兩極化，以及M型社會與M型消費明確的發展，過去長期以來的商品市場金字塔型結構，已改變為兩個倒三角形的商品消費型態，如圖3-4所示。

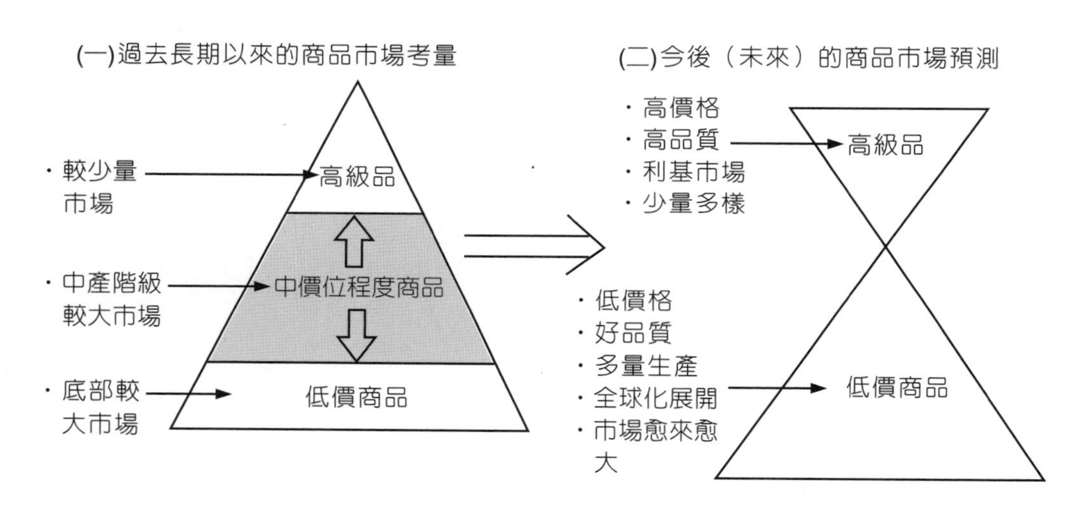

圖3-4　商品市場的兩種變化

二 兩極化市場商品，同時發展並進

今後，市場商品將朝以下方向同時並進發展：

㈠朝向更大滿足感可得的高級品開發方向努力前進，以搶食M型消費右端10～20%的高所得者或個性化消費者。

㈡朝更低價格的商品開發及上市。但值得注意的是，所謂低價格並不能與較差的品質畫上等號（即低價格≠低品質）。相反的，在「平價奢華風」的消費環境中，反而更要做出「高品味、好品質，但又能低價格」的商品，如此必能勝出。

㈢另外，在中價位及中等程度品質領域的商品一定會衰退，市場空間會被高價及低價所壓縮而重新再分配。

㈣隨著全球化發展的趨勢，具有全球化市場行銷的產品及開發，其未來需求也必會擴增。因此，很多商品設計與開發，應以全球化市場眼光來因應，才能獲取更大的全球成長商機。

三 結語：M型社會來臨，市場空間重新配置

綜合來看，隨著M型社會及M型消費趨勢的日益形成，市場規模與市場空間已向高價與低價（平價）兩邊靠攏，中間地帶的市場空間已被分流及重新配置（圖3-5）。廠商未來必須朝更有質感的產品開發，以及高價與低價兩種靈活的訂價策略應用，然後鎖定目標客層，展開全方位行銷，必可長保勝出。

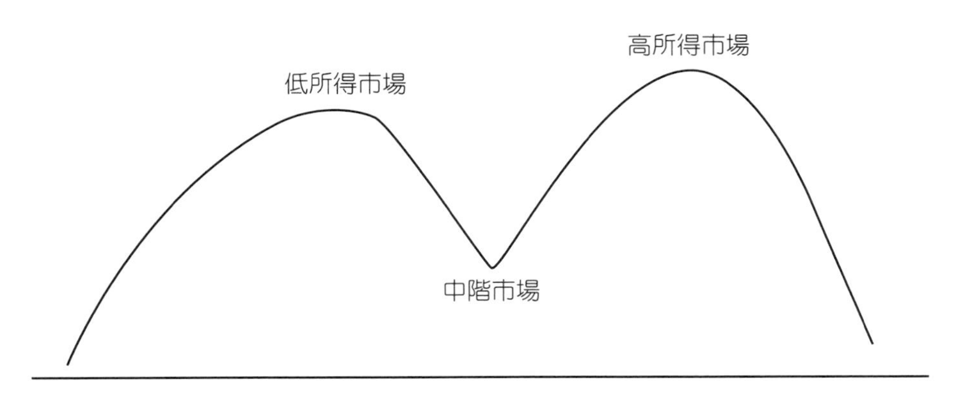

圖3-5 M型社會的市場空間配置

自我評量題目

1. 試說明行銷環境之意義。
2. 試說明商品市場的兩極化變化為何？
3. 試說明人口環境、通路環境及科技環境變化，對國內行銷操作所造成的影響為何？
4. 試說明何謂M型化消費時代？
5. 試說明廠商如何掌握行銷環境變化的九種做法？
6. 請分析最近電動機車、電動汽車、快送業務等崛起的行銷環境變化為何？

第二篇

市場區隔與產品定位

第四章

市場區隔與產品定位（S-T-P架構分析）

1 市場區隔（Market Segmentation）

一　為何要有市場區隔？

身為行銷人，首要工作就是要先確認公司的產品是賣給什麼人、什麼對象、為什麼是這些對象，這是市場區隔化的行銷思考，如圖4-1所示。

現在，大眾市場已愈來愈少，都被切割成各個區隔市場、各個分眾甚至小眾市場。

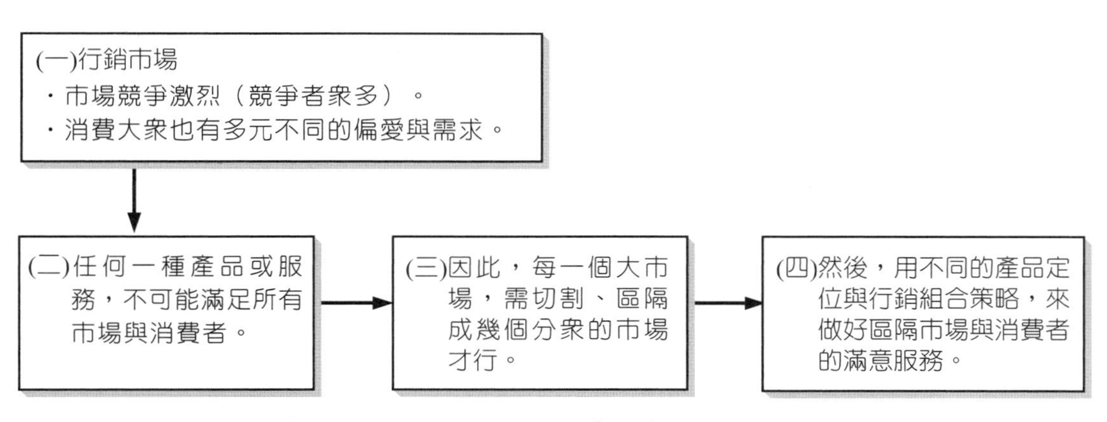

圖4-1　市場區隔的背景成因分析

〈從大眾市場走向分眾及小眾市場〉

過去的市場是比較屬於「大眾市場」（Mass-Market），現在的市場則屬於比較「分眾市場」（Segment-Market），或是「小眾市場」的趨勢是非常明顯的，如圖4-2所示。

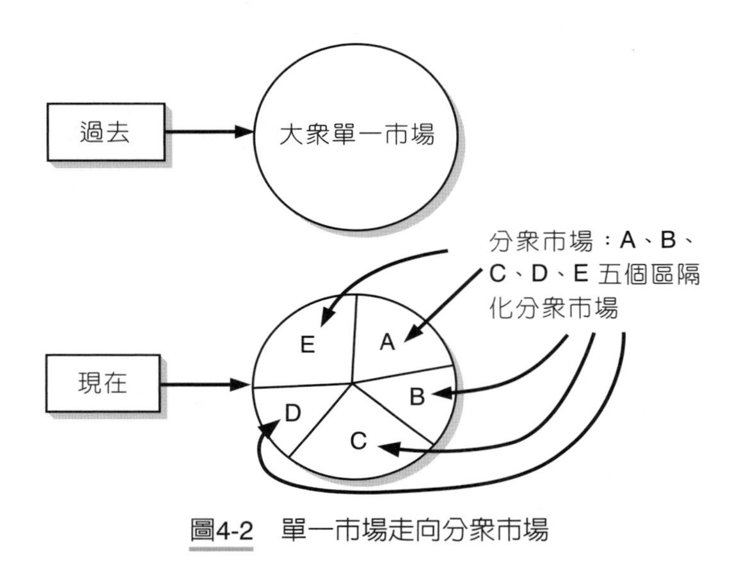

圖4-2　單一市場走向分衆市場

二　行銷「S-T-P」總架構與目標行銷

（一）定義

所謂「目標行銷」（Target Marketing），係指廠商將整個大市場（Whole Market）細分為不同的區隔市場（Segment Target）；然後針對這些區隔化後之市場，設計相對應的產品及行銷組合，以求滿足這些區隔目標之消費群，並進而達成銷售目標。

（二）步驟

1. 市場區隔化（Market Segmentation, S）

首先必須先依據特定的區隔變數，將整個大市場，區隔為幾個不同類型的市場，並以不同的產品及行銷組合準備因應，且評估每一個區隔化後市場之吸引力與潛力規模。

2. 目標市場選定（Market Targeting, T）〔或鎖定目標客層（Target Audience, TA）〕

大市場經過區隔後，即需針對每一個區隔市場進行考量、分析評估，然後選定一個或數個具有可觀性之市場作為目標市場；也有廠商把它解釋成鎖定目標客群，即鎖定TA為何。

3. 產品定位（Product Positioning, P）（或品牌定位、市場定位）

即指替產品及品牌訂出競爭優勢的位置及定位特色所在，並且依此位置研訂詳細之行銷4P組合以為配合。

（三）關聯圖

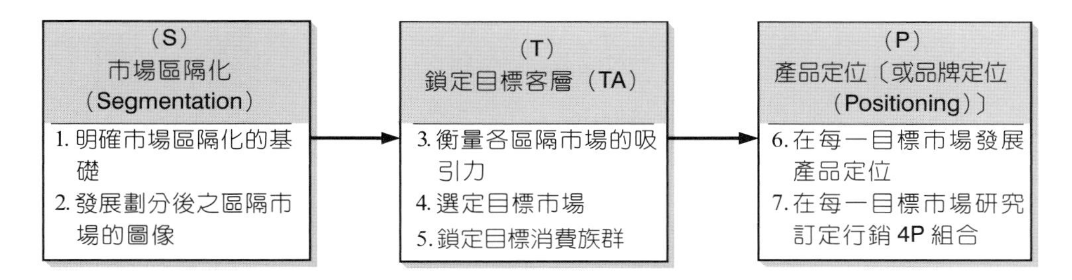

圖4-3 行銷S-T-P的邏輯架構圖示

（四）案例

〈案例1〉白蘭氏雞精的S-T-P架構分析

1. 區隔市場

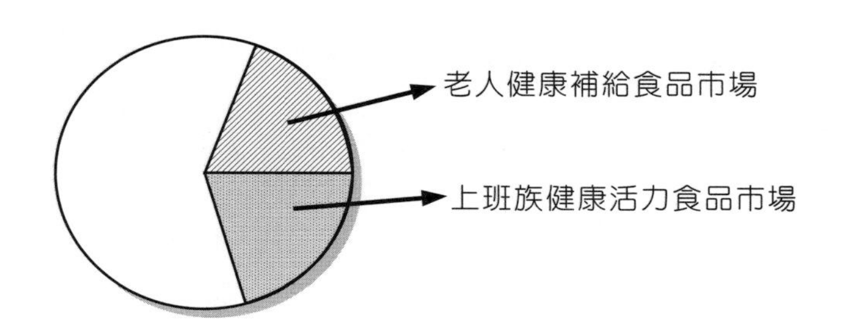

2. 鎖定目標客層

(1)老年人，60歲以上，住院老人及非住院老人。

(2)上班族，40～60歲，男性，對精神活力重視的人。

3. 產品定位

(1)健康事，就交給白蘭氏。

(2)健康補給營養品的第一品牌。

(3)高品質健康補給營養品。

〈案例2〉統一超商CITY CAFE咖啡的S-T-P架構分析

1. 區隔市場

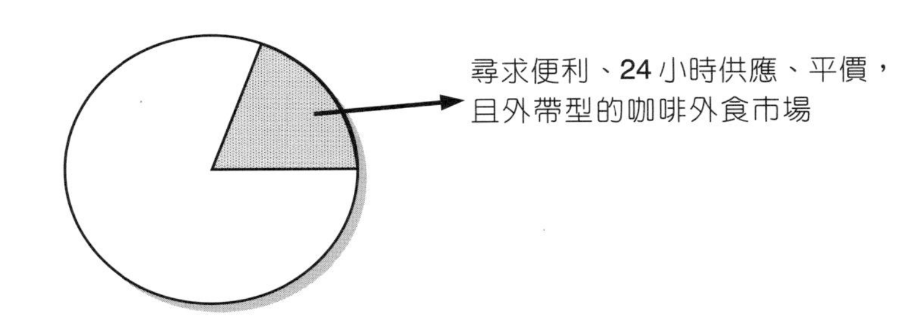

2. 鎖定目標客層

鎖定白領上班族，女性為主、男性為輔，25～40歲，一般所得者，喜愛每天喝一杯咖啡者。

3. 產品定位

(1)整個城市都是我的咖啡館。
(2)平價、便利、外帶式的優質咖啡。
(3)便利超商優質好喝的咖啡。
(4)現代、流行、快速、24小時的優質超商咖啡。

〈案例3〉海尼根啤酒的S-T-P架構分析

1. 區隔市場

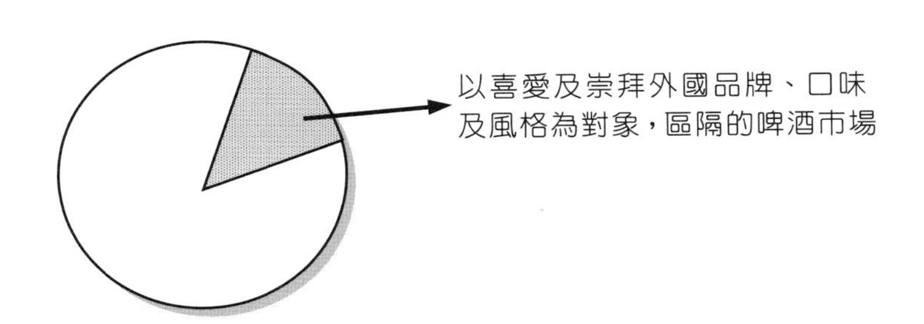

2. 鎖定目標客層

鎖定年輕上班族（25～39歲），男女均有、中產階段、中高學歷者為目標族群的輪廓，以區別於市占率最高的台啤產品。

3. 產品定位

⑴就是要海尼根。

⑵來自歐洲、幽默、年輕與好喝的歐式優質啤酒。

〈案例4〉Benz（賓士）汽車的S-T-P架構分析

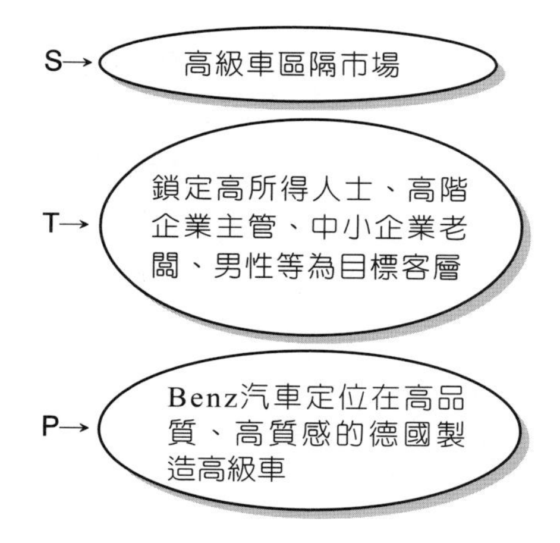

〈案例5〉SK-II及Sisley化妝保養品的S-T-P架構分析

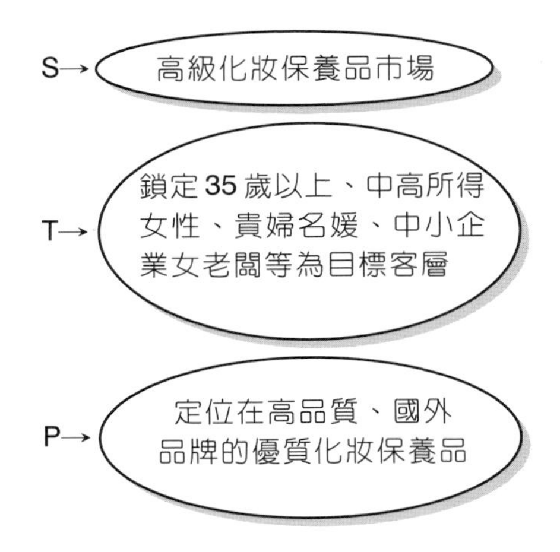

（五）國內市場區隔實例列舉

〈案例1〉有線電視頻道市場區隔

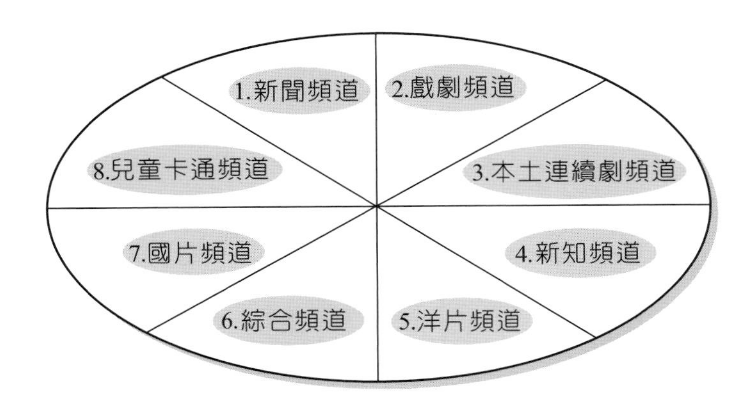

〈案例2〉貴族中小學市場區隔

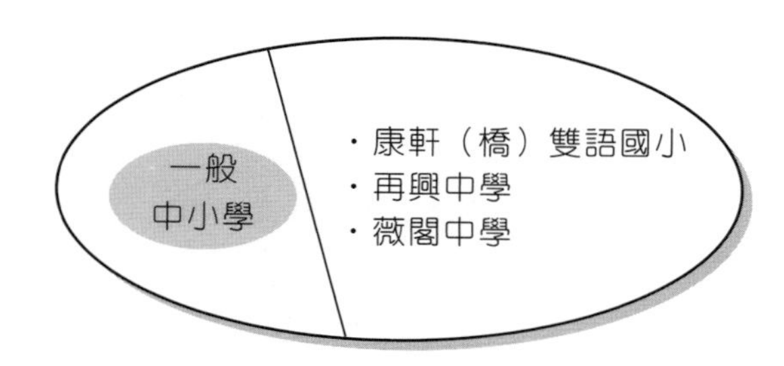

〈案例3〉保養品市場區隔

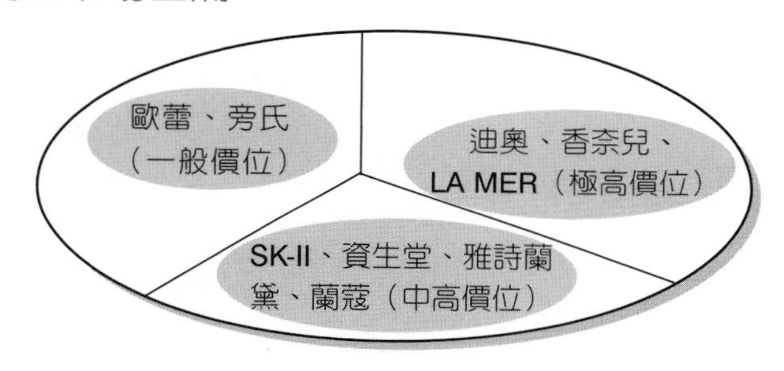

〈案例4〉企管碩士班市場區隔

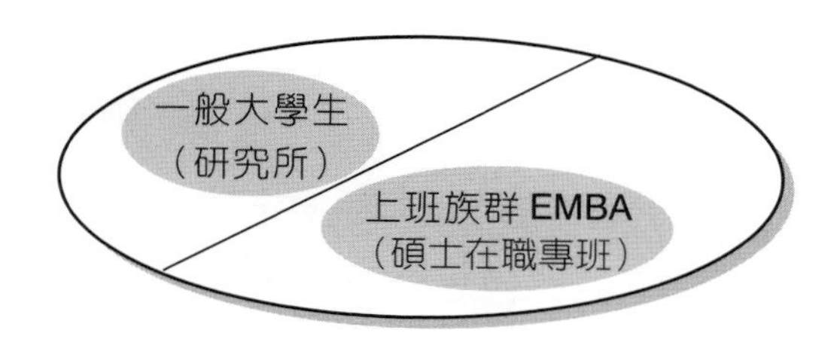

綜合來看，可列示如表4-1。

表4-1

品牌	性別	年齡	所得	教育	職業	追求利益	人格特質	社會階段
SK-II保養品	女性	30～50	中高所得	大專生以上	・中高職務 ・家庭主婦	・美白 ・抗老化	・獨立自主 ・愛自己	中高層
多芬洗髮乳								
潘婷洗髮精								
薇閣精品旅館								
日月潭涵碧樓休閒大飯店								
舒酸定牙膏								

三　為什麼要做S-T-P架構分析

廠商行銷人員為何要做S-T-P架構分析呢？主要有幾點原因，茲說明如下。

(一) 從「大衆市場」走向「分衆市場」、「小衆市場」

現代的市場行銷已從大眾市場走向分眾市場，大眾市場已不存在了。

由於大眾消費者的所得水準、消費能力、個人偏愛與需求、生活價值觀、年齡層、家庭結構、個性與特質、生活型態、職業工作性質等，都有很大的不同，因而使分眾市場逐漸演變形成。

而分眾市場的涵義，亦等同於區隔市場及鎖定目標消費族群的意思。因此，必須先做好分眾市場及小眾市場的確立與分析。

（二）有助於研訂行銷4P操作內容

在確立了市場區隔、鎖定目標客層及產品定位之後，接下來行銷人員在操作實際的行銷4P活動時，即可比較能精準的設計及規劃出相對應於S-T-P架構的產品（Product）、通路（Place）、訂價（Price）及推廣（Promotion）等四項細節內容。如此，才能發揮行銷4P的宏大效果。

（三）有助於競爭優勢的建立

行銷要致勝，當然要找出自身的特色及競爭優勢之所在，並不斷地強化及建立這些行銷的競爭優勢。因此，在S-T-P架構確立之後，廠商行銷人員即會知道建立哪些優勢項目，才能滿足S-T-P架構，並能從此架構中勝出。例如：當廠商鎖定某些目標客層時，即會知道如何滿足這些客層的需求，從而加強自身的某些特色與優勢，進而超越過競爭對手。

（四）建立自己的行銷特色，以便與競爭對手有所區隔

行銷應盡可能脫離同質性的紅海廝殺市場，而與競爭對手有所區別及差異化。因此，S-T-P架構中的產品定位，即在尋求與競爭對手有所不同、有所差異化，而且有自己獨特的特色及定位，然後才能在消費者心目中占有一席之地。

（五）達到「精準行銷」的目的

最後，歸納來說，依據前面四項說明，當S-T-P架構分析完整且有效時，將會有助於行銷人員及廠商達成「精準行銷」的目的及目標，而不會出現散彈打鳥的方式。

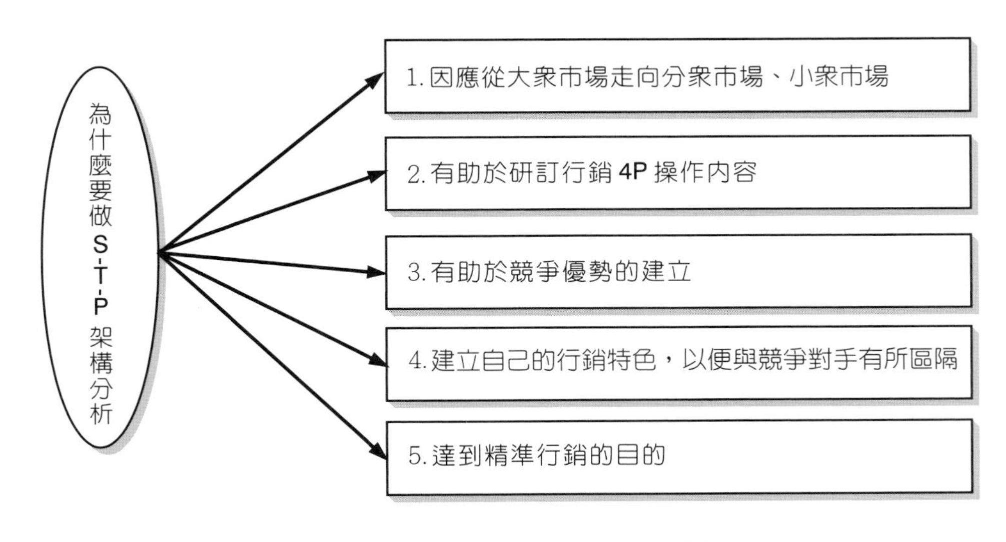

圖4-4 為什麼要做S-T-P架構分析

總而言之，以最有效率（Efficiency）及最有效能（Effectiveness）的方法來操作行銷活動，然後達成行銷目標，這就是精準行銷的涵義。

四 市場區隔變數（Market Segmentation Variables）

要將市場區隔，其依據的變數必然是多個的。下面針對市場區隔化的主要變數，加以討論。

（一）地理區隔化

係按地理區域之不同，而區隔為不同的市場；此地理變數，如按國家、省、城市、人口密度、氣候等予以區隔。

例如：通用食品生產的麥斯威爾咖啡，在美國西部城市所銷售之咖啡，其味道較濃；再如，中國四川省的速食麵口味就比較需要辣一些。另外，在美國因為地大物博，因此轎車都比較大；而在臺灣則因人口密度擁擠，汽車設計得較為適中。

（二）人口變數區隔化

所謂人口變數區隔化，係依人口變數而將市場予以區隔；這些人口變數說明如下。

1. 年齡

人的消費慾望、程度及能力，會隨年齡及生命週期而有不同；而這些不同，即可藉以區分為不同的區隔市場。

例如：麗嬰房專賣店，係以專賣嬰兒用品為主要區隔市場；例如：PUB是以年輕人為對象的熱鬧舞池酒吧。再如，美國通用食品曾推出一組四種的罐頭狗食：第一種適合「小狗」、第二種適合「已長大的狗」、第三種適合「過重的狗」、第四種適合「老狗」，企圖以此擴大市場占有率。國內巧連智兒童出版公司，亦將其兒童刊物分為月齡版、寶寶版、學習版等多種不同年齡層的不同內容刊物。

2. 性別

性別也漸漸被用來作為區隔市場的變數。

例如：在香菸行業，男性與女性香菸，在菸味、包裝設計、行銷廣告等方面均有明顯不同。此外，汽車、化妝品、雜誌、服飾、瘦身美容、手機設計等，均按性別來區隔市場。

3. 所得

所得早已普遍作為區隔市場之最古老的變數，主要是因所得代表一種購買力，而購買力就是業者的銷售基礎。

例如：在汽車業、服裝業、住屋、飾品等方面，均依高所得、中所得、低所得，而分別推出不同相對應的產品及行銷組合訴求。

例如：賓士轎車以高所得族群為銷售對象，而裕隆Teana及豐田Camry則以中產階級族群為主；再如歐洲名牌精品廠商LV、Dior、CHANEL等，則為奢侈品、高價位的時尚代表者。

4. 家庭

以家庭人口數及家庭生命循環週期為區隔變數，也偶可見到。

例如：小套房住宅以單身貴族為銷售對象；高級大型休旅車、50吋以上大型液晶電視，以家庭為銷售對象。

5. 職業

一般來說，職業之區隔，可以分為七類：

(1)家庭主婦。

(2)學生。

(3)白領上班族。

(4)藍領上班族。

(5)退休人員。

(6)技術人員。

(7)商店老闆、企業老闆。

6. 其他

其他變數，諸如教育、宗教、種族、國籍等均可作為區隔市場之用。

例如：資訊電腦產品以較高學歷的消費群為主；CD唱片則以年輕女學生及上班族為主；另外，佛教商品亦以信仰佛教者為主；再如財經商業性質的週刊、月刊等，係以白領上班族為主要銷售對象。

7. 小結

(1)用「所得」來區隔市場

例如：高所得市場、高價位市場、或低價位市場、平價市場、中價位市場等。

(2)用「年齡」來區隔市場

例如：兒童市場、學生市場、年輕上班族市場、中年市場、銀髮族市場、熟女市場、熟男市場等。

(3)用「性別」來區隔市場

例如：男性市場、女性市場。

⑷用「職業別」來區隔市場

例如：家庭主婦市場、白領上班族市場、藍領上班族市場等。

⑸用「家庭」來區隔市場

例如：小家庭、單身家庭、三代同堂大家庭等。

⑹用「學歷」來區隔市場

例如：高學歷市場、中低學歷市場。

⑺其他

用地理因素、心理因素、宗教因素、價值觀因素等，區隔不同的市場。

常用來區隔市場的七大變數，如圖4-5所示。

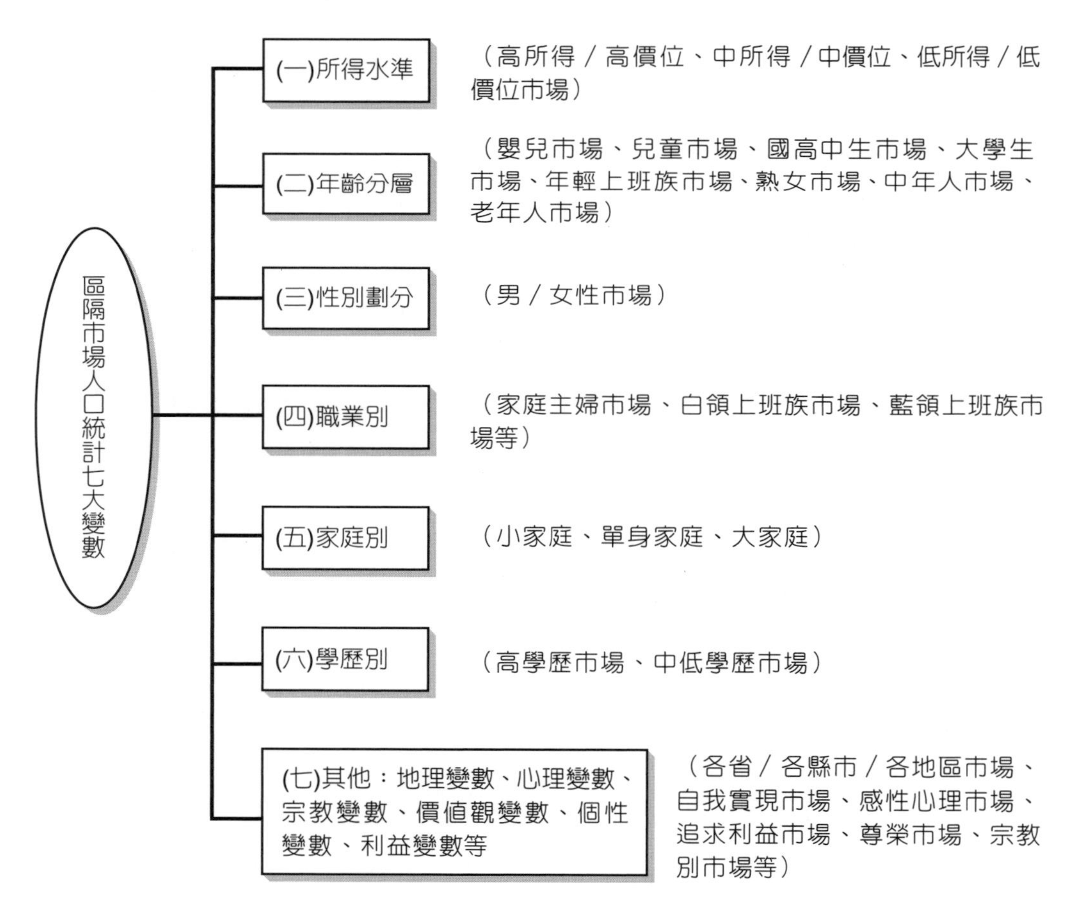

圖4-5　區隔市場的七大變數

（三）心理區隔化

係按下列心理變數，而將消費者區分為不同群體，說明如下。

1. 社會階層（Social Class）

一般而言，社會階層可區分為六個階層，分別為上上、上下、中上、中下、下上、下下等六個社會階層；各個階層可以自成一個市場的區隔。

2. 生活方式（Way of Life）

經實證研究顯示，消費者的興趣及消費能力，已愈來愈受其生活方式的影響；而不同的生活方式，也構成了市場區隔之參考變數。

例如：德國福斯汽車，依消費者的生活型態，設計了兩種不同車型，一種是替「保守的好國民」設計，強調安全、經濟、生態維護等；另一種是替「汽車幻想者」設計，強調消遣娛樂、刺激與快速。

3. 人格（Personality）

行銷人員有時對他們的產品，賦予「品牌個性」（Brand Personality）以求與「消費者人格」（Consumer Personality）相配對。例如：美國福特汽車的購買者被認為是具獨立性、大丈夫氣概且充滿自信；而雪佛蘭汽車則被認為是偏於保守、節儉、柔順、不走極端。

依消費者不同的人格特質，亦可設計出不同的產品及行銷組合，以期抓住相同人格的消費群，進而達成銷售目標。

（四）有效區隔市場的條件

為求達成有效的市場區隔，應具備下列條件（或特性），茲說明如下。

1. 可衡量性（Measurability）

此係指經過區隔化後市場之規模、購買力等，均能加以評估；亦即要能知道此市場大小。

2. 可接近性（Accessibility）

係指經過區隔化後市場，廠商能有效的進入及服務該區隔市場內之消費群。

例如：男性化妝品市場區隔，應該用何種行銷組合才能有效爭取到該市場。

3. 足量性（Substantiality）

此係指此一區隔市場，未來在銷售量或利潤額上是否能夠滿足廠商最低要求標準。

例如：汽車廠商要開發女性用車，則必須先行評估衡量此市場潛在銷售量是否足量，然後才能決定要不要投入該區隔市場。

4. 可行動性（Actionability）

此係指廠商行銷及業務人員對於區隔化之市場在人力及行銷計畫案上，是否均能有效推動執行。

五　案例：多喝水品牌的定位與市場區隔

味丹多喝水礦泉水品牌，多年來一直是國內礦泉水市場的前三大知名品牌之一，而且已經很成功的打入年輕人消費市場。

多喝水的品牌定位，是以「個性化」的區隔變數來區隔市場，並以馬斯洛需求的「自我實現」為第二個區隔變數。過去，其他礦泉水的品牌形象，均以陽光、空氣、水為訴求，多半是偏於生理、理性的需求，例如：泰山的RO滲透水。但是味丹的多喝水，在定位操作上卻是完全不同的概念。它是以感性的自我實現，鎖定有個性的年輕人市場，致力於建立品牌的流行感。

味丹多喝水的首要成功，即在於商品（品牌）定位。它以「個性化」為區隔市場，將心理變數與利益變數做十字軸交叉，畫出一塊尚未有強力競爭者的安全市場，如圖4-6所示。

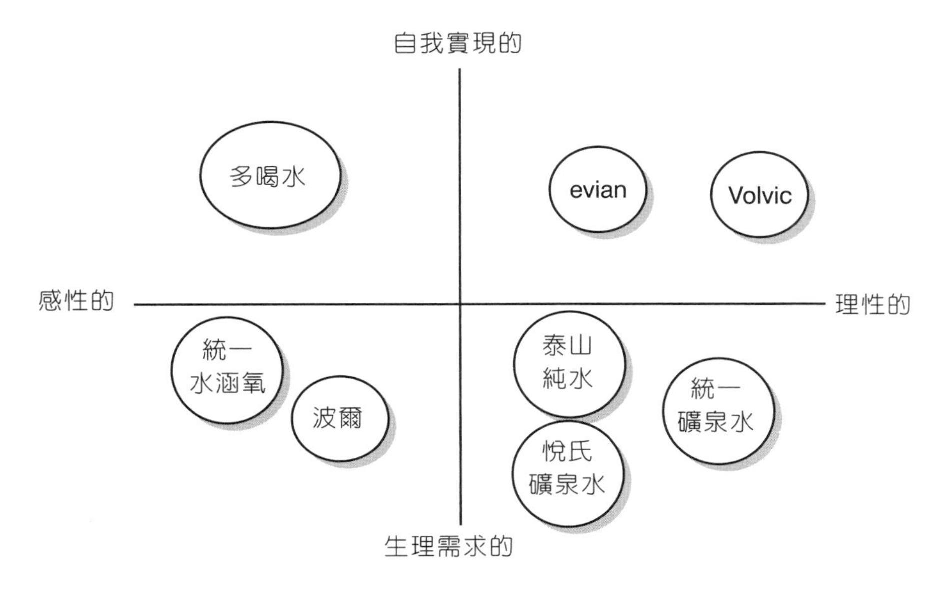

圖4-6　味丹公司「多喝水」的市場區隔定位

2 產品定位（Product Positioning）

一　定義

係指廠商設計公司的產品及行銷組合，期使能在消費者心目中占有一席之地，進而建立堅固印象。換個角度看，產品定位也可以說是在目標市場消費群，該產品的品牌個性（Brand Personality）為何。著名的廣告人歐格威曾對定位有以下描述：「這個產品要做什麼，是給誰用的？」因此，關於定位首先應先釐清下列四個觀念：

・什麼樣的人會來買這個產品？（目標消費者）
・這些人為什麼要來買這個產品？（產品差異化）
・目標消費者會以這個產品替代什麼產品？（競爭者是誰）
・本產品的位置站在哪裡？特色是什麼？（我是誰，我在哪裡）

產品定位（Product Positioning）的意義，可從三方面來加以說明：

㈠亦即發掘顧客對於某種產品所重視之「屬性」為何。

㈡確定各種品牌產品在由此等屬性所構成之「產品空間」（Product Space）之位置。

㈢發掘顧客心目中此種產品的「理想點」（Ideal Point）之位置。

總之，廠商應該釐清公司產品的位置在哪裡，並選定它、占住它。對產品定位之意義有清楚認知後，廠商可以據以評估並訂定有效的行銷策略，以為適當之因應。

二　定位方法

有關產品定位可利用「知覺圖」（Perceptual Map）來處理，茲列舉以下案例輔以說明，如下頁各圖示。

〈案例1〉洗髮精市場定位分析圖

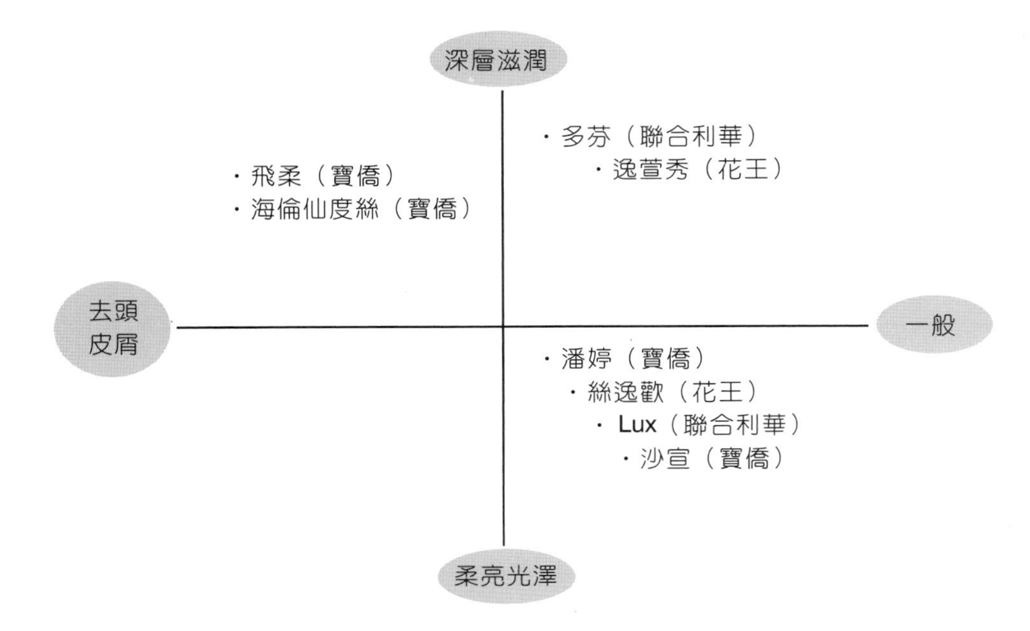

〈案例2〉汽車定位範例圖

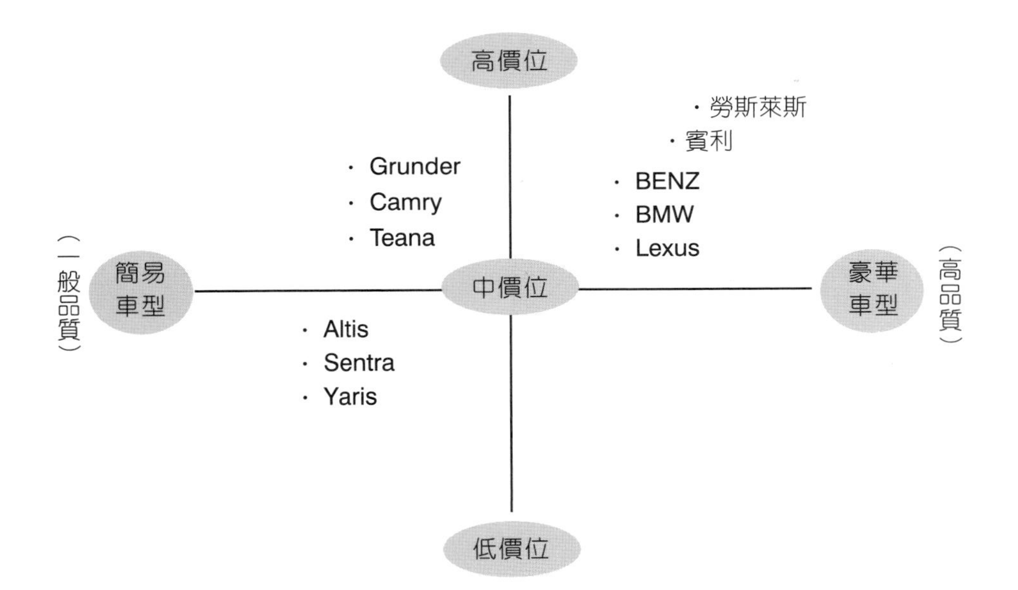

〈案例3〉超市定位圖

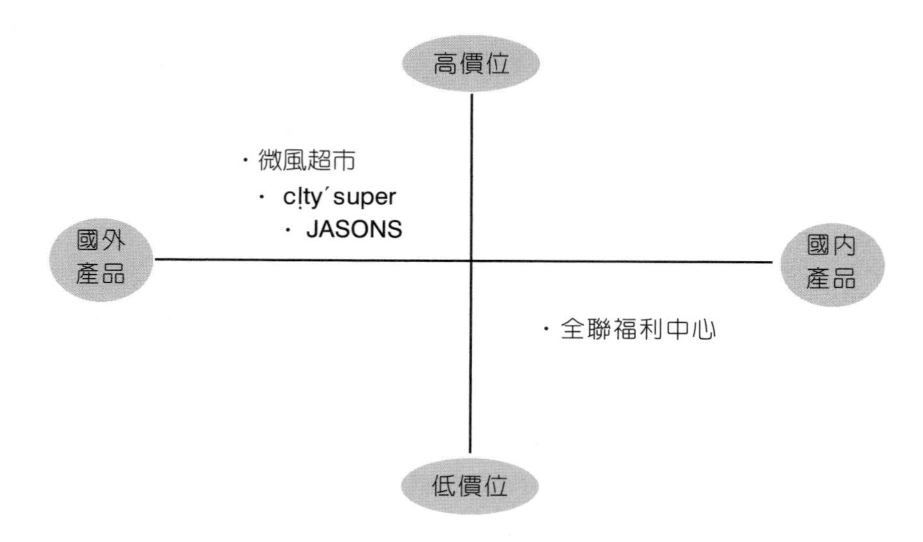

〈案例4〉休閒渡假飯店定位圖

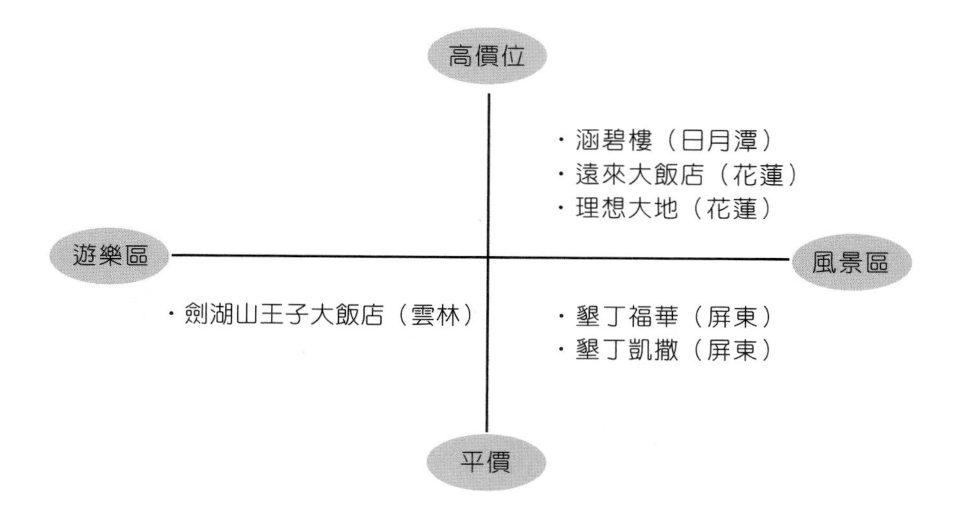

〈案例5〉咖啡定位圖

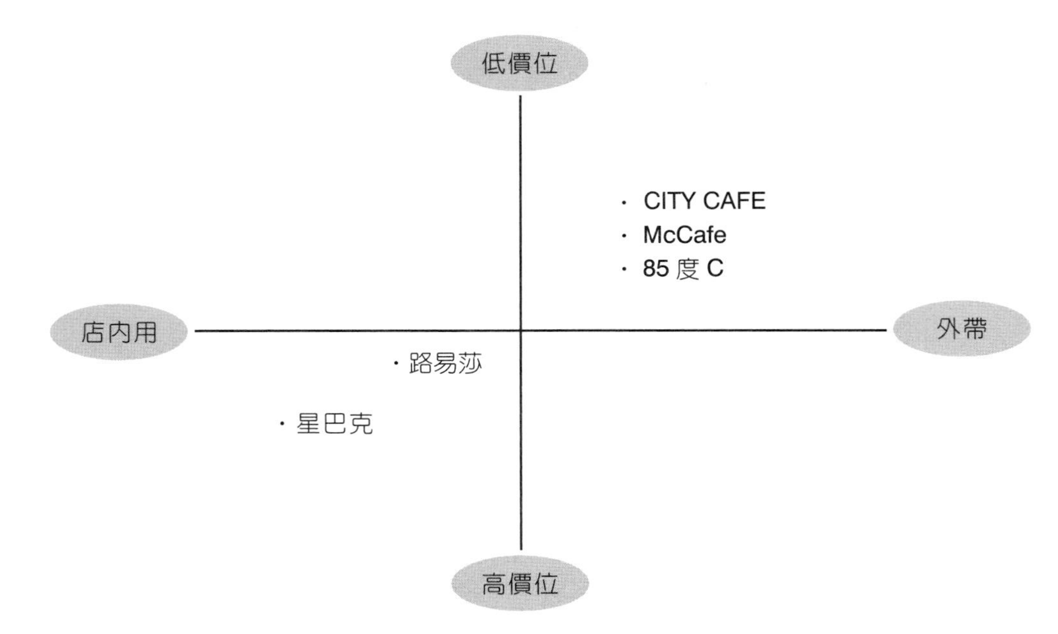

〈案例6〉信用卡定位圖

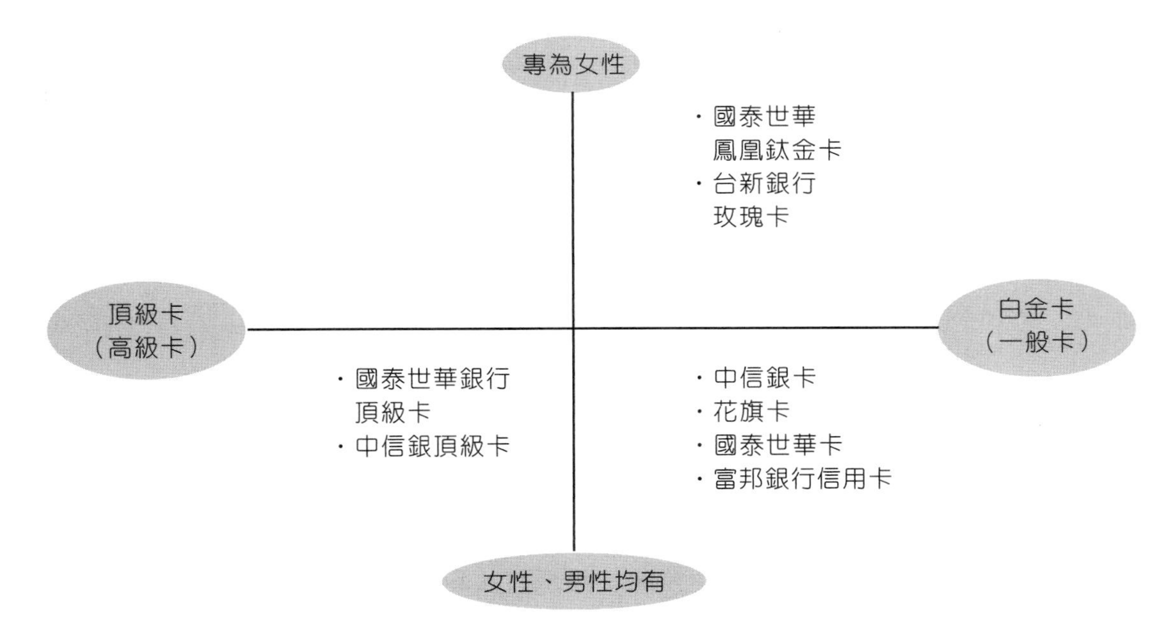

列舉國內若干行業成功的產品定位，如表4-2所示。

表4-2　產品定位案例表

公司別	產品定位／品牌定位	公司別	產品定位／品牌定位
1. 汽車	(1) TOYOTA Lexus 150～450萬元日本高級汽車 (2) Benz 300～600萬元德國高級車	9. 便利超商	統一超商 ・最會服務創新的超商 ・社區的生活中心
2. 西式速食	臺灣麥當勞 ・歡聚歡笑每一刻 ・品質、衛生、安全為重的西式速食 ・我就喜歡	10. 百貨公司	台北101百貨公司 ・全國唯一以高級精品為主的專業區隔百貨公司
3. 保養品	寶僑SK-II ・高檔美容保養品	11. 電視購物	東森購物 ・全國現場節目，有主持人及模特兒展示的購物頻道
4. 麵食	鼎泰豐 ・口感最佳的中式麵食店	12. 筆記型電腦	華碩電腦 ・華碩品質，堅若磐石
5. 咖啡連鎖	星巴克 ・品味香醇、商務與約會最佳咖啡廳	13. 飲料	統一有機豆漿 ・無汙染、有機、自然的大豆風味
6. 信用卡	中國信託商業銀行信用卡 ・We are family	14. 兒童卡通頻道	東森幼幼臺 ・本土化、有益兒童的教育與娛樂兒童頻道
7. 魚翅餐廳	頂上餐廳 ・全國最高品質的魚翅餐廳	15. 本土戲劇	(1) 三立臺灣臺 (2) 民視 ・融入本土文化、人文、風俗、生活、思想與故事的連續劇
8. 電臺	飛碟電臺 ・都市中產階級愛聽的廣播電臺	16. 量販店	家樂福 ・天天都便宜、天天都新鮮

彰顯各品牌定位與特色的「Slogan用語」案例

1. 遠傳電信：只有遠傳，沒有距離。
2. 統一超商：有7-Eleven真好；Always open。

3. 麥當勞：歡聚歡笑每一刻；I'm lovin' it.（我就喜歡）。
4. BENQ：享受快樂科技。
5. Lexus（豐田）：專注完美，近乎苛求。Experience-Amazing。
6. momo：你的大小事都是momo的事。
7. 中國信託信用卡：We are family。
8. JAGUAR（歐洲車）：品味無所不在。
9. 燦坤3C：低價、技術、售後服務。
10. NOKIA：科技始終來自於人性。
11. SONY：like.no.other（獨愛無二）。
12. 海尼根（啤酒）：就是要海尼根。
13. 三洋維士比：福氣啦！
14. 台啤：尚青啦！
15. 台灣大哥大：我的大哥大（My phone）。
16. 花旗信用卡：Let's get it done。
17. 瑞穗鮮乳：高優質鮮乳、濃醇香。
18. 家樂福：天天都便宜。
19. 全聯：實在，真便宜；買進美好生活；便宜又便利。
20. Panasonic：A Better Life, A Better World。
21. 三洋家電：愛人類，愛地球。
22. 福特汽車：活得精彩。
23. DHL：商業命脈，因我而動。
24. UPS：致勝之選，致速之道。
25. 華碩電腦：華碩品質，堅若磐石。
26. 日立（日本公司）：Inspire the Next。
27. 富邦集團：正向力量，成就可能。

三　定位的七大步驟（Positioning Process）

產品定位是企業行銷策略規劃上重要的一環。產品定位成功，就能讓消費者在眾多的競爭產品中感覺獨樹一格，加深品牌印象，並強而有力的站在有利的市場定位上。一般來說，對於產品或服務的定位步驟，大致有七個步驟程序，如圖4-7所示。

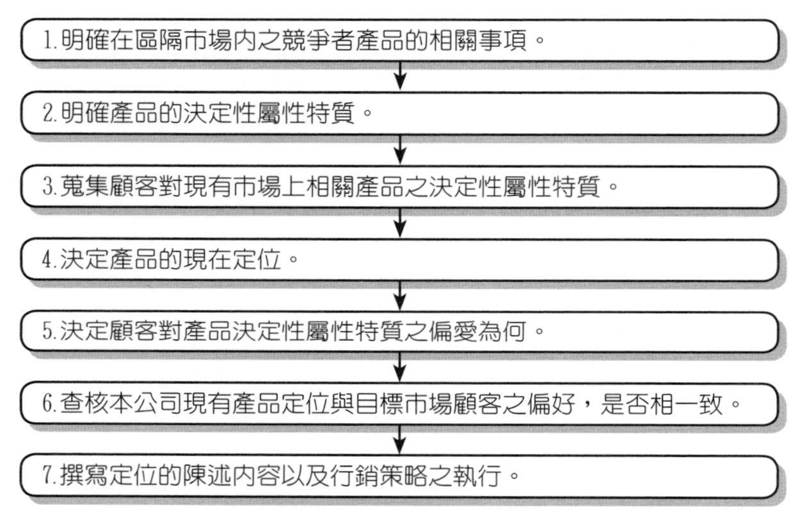

圖4-7　產品或服務的定位七大步驟

四　產品定位權衡之因素

廠商在進行產品定位時，應評估幾個因素，茲詳述如下。

（一）競爭者的產品定位

了解主力競爭者的產品定位，有助於認清市場的現實與消費者需求，避免閉門造車。

（二）消費者的偏好與需求

產品定位必須符合消費者之偏好與需求，如此才能獲得消費者之青睞與喜愛，產品也才能銷售出去。

（三）市場區隔的選擇

產品定位之前，應做好市場區隔的選擇，如此才能針對特定市場，做出有效的相應對策。因此，市場區隔與產品定位是一體兩面的東西。

（四）本公司產品的優勢與特色所在

產品定位若能針對自己公司的優勢及特色，則比較能有鮮明的定位呈現。

五　市場區隔與定位之比較

（一）從意義上看

1. 市場區隔：就是選擇適當的區隔變數（如：人口、心理、地理、行為等變數），對市場做有意義之切割，以期廠商行銷人員能從中發掘可供企業拓展業務之利基（市場機會）。
2. 產品定位：係指賦予產品獨特之品牌個性與生命，在消費者心目中找到歸屬的位置。

（二）從著眼點看

1. 市場區隔：從市場切入。
2. 產品定位：從產品競爭角度出發。

（三）從運作過程看

1. 市場區隔：係根據區隔變數，對特定市場加以切割。
2. 產品定位：係根據消費者認知與競爭者比較的分析結果而「無中生有」，以創造出一個屬於自己的獨特地位。

（四）從結果看

1. 市場區隔：廠商可對目標消費群加以確定，以作為行銷努力之接近對象。
2. 產品定位：指出整體行銷努力之方向，期使廠商能研訂行銷組合，打一場勝戰。

自我評量題目

1. 何謂目標行銷？試就其定義及步驟分別說明之。
2. 市場區隔之變數為何？試說明之。
3. 為達成有效的市場區隔，應滿足哪些條件？試說明之。
4. 何謂產品定位？試就其意義及方法說明之。
5. 試從下列各角度比較市場區隔與產品定位：
   (1)意義上。
   (2)著眼點上。
   (3)運作過程上。
   (4)結果上。
6. 試說明對一項產品進行定位時，有哪些步驟要做？
7. 產品定位時應權衡哪些因素？試說明之。
8. 行銷產品為何一定要做市場區隔？
9. 若就產品的特質屬性項目去評估產品定位時，有哪些要點？
10. 試說明S-T-P架構。

第三篇

行銷4P組合（一）

第五章

產品與品牌策略

1 行銷4P組合的意義

一　行銷「4P組合」的內容

行銷組合（Marketing Mix）是行銷作業的真正核心，它是由產品（Product）、價格（Price）、通路（Place）及推廣（Promotion）等四個主軸所形成。由於這四個英文名詞均有一個P字，故又被稱為行銷4P。換言之，行銷「組合」又稱「4P」，如圖5-1所示。

二　必須同時、同步做好行銷4P

那麼為何要說「組合」（Mix）呢？主要是說，當企業推出一項產品或服務，想要成功的話，必須是「同時、同步」要把4P都做好，任何一個P都不能疏漏，或是有缺失。例如：某項產品品質與設計根本不怎麼樣，如果只是一味大做廣告，那麼產品仍不太可能會有很好的銷售結果。同樣地，如果是一個不錯的產品，如果沒有投資廣告，那麼將不太可能成為知名度很高的品牌。尤其是現在全國知名品牌，根本不可能一年停下來而不做廣告；例如：P&G、統一、花王、TOYOTA、麥當勞等。

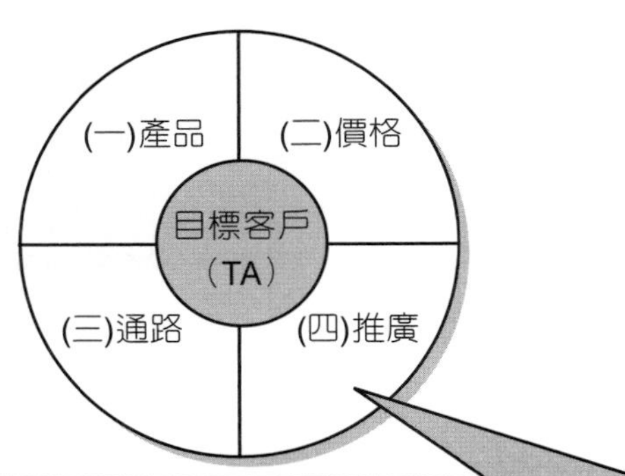

推廣可再細分如下：

1.廣告	2.銷售促進	3.公關	4.人員銷售	5.直效行銷
(1)印刷品及廣播 (2)產品外包裝 (3)傳單 (4)郵件 (5)型錄 (6)宣傳小冊子 (7)海報 (8)工商名錄 (9)電視廣告 (10)代言人 (11)社群行銷 (12)FB、IG (13)YouTube (14)Google	(1)競賽、遊戲 (2)抽獎、彩券 (3)獎金、禮物 (4)派樣 (5)折扣戰 (6)發表會 (7)體驗（試用） (8)折價券 (9)滿千送百 (10)免息分期付款	(1)記者招待會 (2)研討會 (3)慈善樂捐 (4)公共報導 (5)演講 (6)年報 (7)事件行銷 (8)獲獎 (9)專訪	(1)銷售簡報 (2)銷售人員 (3)電話行銷 (4)激勵方案 (5)商展或展示會	(1)產品型錄 (2)郵件（DM） (3)電話行銷 (4)電子商店 (5)電視購物 (6)傳真 (7)e-mail（e-DM） (8)手機簡訊 (9)LINE群組

圖5-1　行銷4P組合

三　行銷4P組合的重要性排序

(一)在實際行銷作業中，4P以「推廣」（Promotion）屬於最為持續性的工作內容，行銷單位人員花在這方面的人力也算是最多的。尤其在面臨市場競爭激烈與景氣低迷的時刻，「推廣」常成為4P之首要動作。

(二)其次為「產品」（Product），包括品牌的建立與維繫，以及新產品創新服務的持續性推出。這部分的工作，行銷人員需經常與研發部門及生產部門人員密切討論溝通。例如：像銀行信用卡、有線頻道新聞主播、西式速食店、便利超商、轎車款式、洗髮精、百貨公司、飲料、食品、手機等，經常有新產品、新品牌、新包裝及新服務等，不斷創新推出上市。這部分的工作，也耗掉行銷部門不少人力。

㈢在「價格」方面，訂價是屬於動腦的部分，只要價格政策確立之後，這方面並不需耗用很多行銷人力。較常見的是價格因應市場變化而進行的調整，大部分是價格調降或促銷價格的時候；少部分則為價格調漲的時候。

㈣在「通路」方面，除非是新創公司或是新產品上市，否則通路上架並不是太大問題，尤其是名牌產品通路拒絕的狀況很少。一般來說，只要前面所述的三個P都能做好（即產品好、價格好、促銷好），通路就能水到渠成，普及率高，而且會被放在最好的架位上，最容易被消費者看到及拿取。

四　服務業行銷8P、1S及1C的擴大組合意義

筆者把行銷4P，擴張為服務業行銷8P，主要是從Promotion中，再細分出來更細的幾個P，包括：

第5P：Public Relation，簡稱PR，即公共事務作業，主要是如何做好與電視、報紙、雜誌、廣播、網站等五種媒體及外部各單位與消費者的公共關係。

第6P：Personal Selling，即個別的銷售業務或銷售團隊。因為很多服務業還是仰賴人員銷售為主，例如：壽險業務、產險、汽車、名牌精品、旅遊、百貨公司、財富管理、基金、健康食品、補習班、戶外活動等均是。

第7P：Physical Environment，即實體環境與情境的影響。服務業很重視現場環境的布置、刺激、感官感覺、視覺吸引等。因此，不管在大賣場、貴賓室、門市店、專櫃、咖啡館、超市、百貨公司、PUB等，均必須強化現場環境的帶動行銷力量。

第8P：Process，即服務客戶的作業流程，盡可能一致性與標準化作業（SOP）。避免因不同的服務人員，而有不同的服務程序及不同的服務結果。

第1S：Service，產品在銷售出去之後，當然還要有完美的售後服務，包括客服中心的服務、維修中心的服務及售後服務等，均是行銷完整服務的最後一環，

必須做好。

第1C：CRM，意指顧客關係管理（Customer Relationship Management）。此係指會員經營或VIP經營的意思。

茲以圖5-2列示行銷8P、1S及1C。

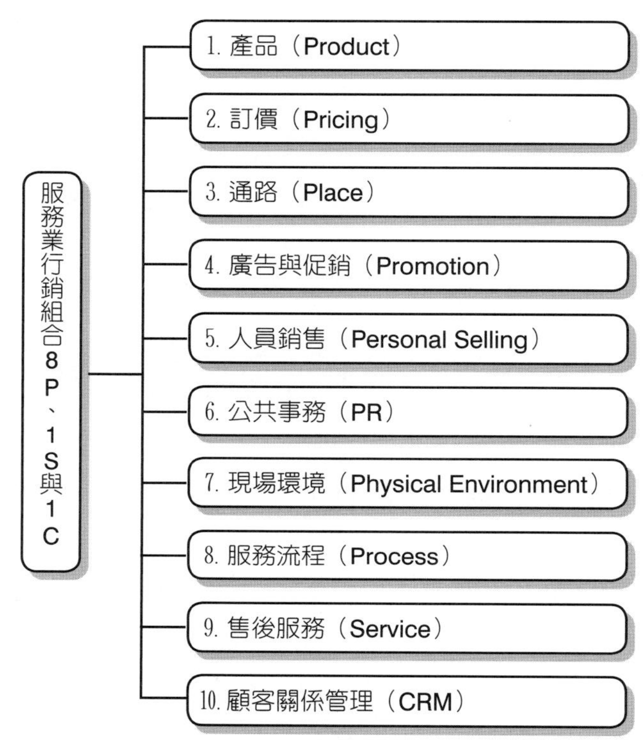

圖5-2　服務業的行銷8P/1S/1C十項組合

五　行銷3R

第1R為Retention，係指顧客「維繫」策略，因為開發一個新客戶的成本，約為維持一個舊客戶成本的三至五倍。第2R為Related，係指顧客「關係」銷售，當公司開發出另一種新產品或是關係企業的產品，可以介紹給既有顧客購買，例如：現在流行的交叉銷售（Cross Selling）亦屬此類。第3R為Referral，係指顧客介紹顧客，或是會員介紹新會員（Member Get Member, MGM），然後給既有會員一些獎金或優惠。茲以圖5-3列示服務行銷3R。

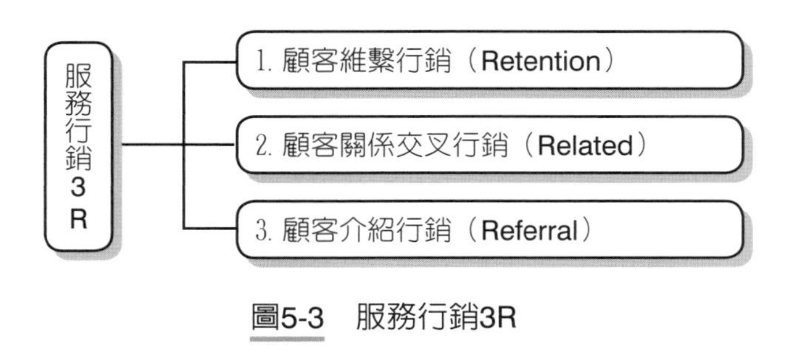

圖5-3　服務行銷3R

六　行銷4P組合戰略

行銷4P組合戰略，在不同階段，各有不同的重要性，如下圖所示：

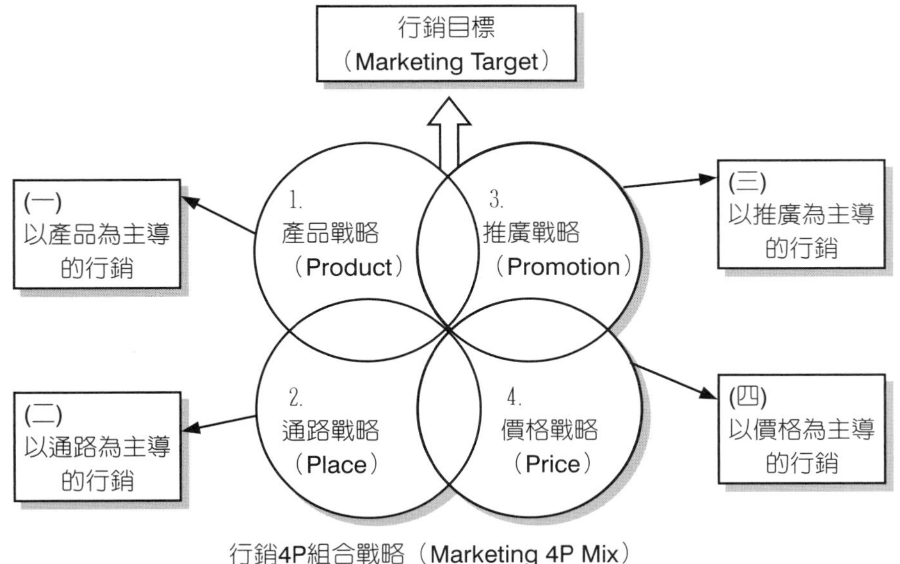

行銷4P組合戰略（Marketing 4P Mix）

七 為何稱為4P組合

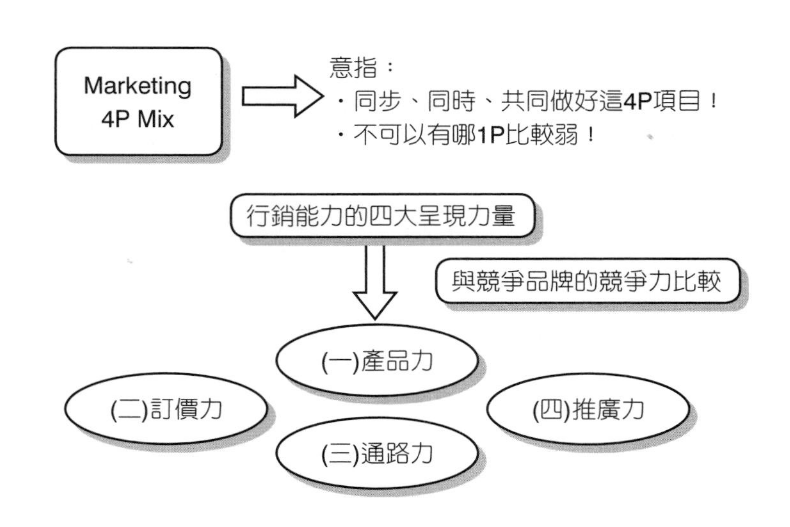

同步、同時強大：

㈠ 產品力。

㈡ 訂價力。

㈢ 通路力。

㈣ 推廣力。

八 「產品力」是什麼？（Product）

強大的產品力，指的是什麼呢？包括如下：

㈠ 高品質。

㈡ 功能強。

㈢ 操作便利。

㈣ 品項多元選擇。

㈤ 耐用、壽命長。

㈥ 有品牌。

(七) 設計時尚、好看。
(八) 包裝、包材好。
(九) 維修方便。
(十) 快速服務。
(土) 好用、好吃、好看、好喝、好開。

九 「通路力」是什麼？（Place）

強大的通路力，指的是什麼呢？包括如下：
(一) 上架普及。
(二) 隨處、隨地、隨時都可買到。
(三) 有最好的陳列位置及陳列空間。
(四) 在賣場、門市店可看到廣告招牌。
(五) 虛實通路兼具、做到虛實融合（OMO）。
(六) 消費者能快速、方便的買到他們所需要的商品。

十 「訂價力」是什麼？（Price）

適當、合適的訂價力，指的是什麼呢？包括如下：
(一) 訂價合理、合宜。
(二) 消費者有物超所值感。
(三) 廠商不要有超額暴利。
(四) 消費者感到可接受、買得起的。
(五) 訂價需與品牌定位及目標客層相一致性。
(六) 消費者不會覺得產品太貴。

十一　「銷售推廣力」是什麼？（Promotion）

強大的銷售推廣力，指的是什麼呢？包括如下：

㈠若錢夠，最好能找代言人代言產品。

㈡能做出吸引人的電視廣告片。

㈢能成功打造出高品牌知名度與喜愛度。

㈣360度全方位整合行銷推出。

㈤能獲致好的口碑傳播。

㈥強化人員銷售組織團隊。

㈦做好對外公共關係與報導露出。

㈧做好公益行銷與企業良好形象。

㈨做好網路廣告與社群粉絲專頁經營。

㈩做好各種節慶的促銷檔期。

十二　行銷4P策略必須與S-T-P「相契合」

行銷4P策略內涵，必須與品牌定位、目標客群及目標市場具有相當一致性，相互契合，才會使行銷成功。

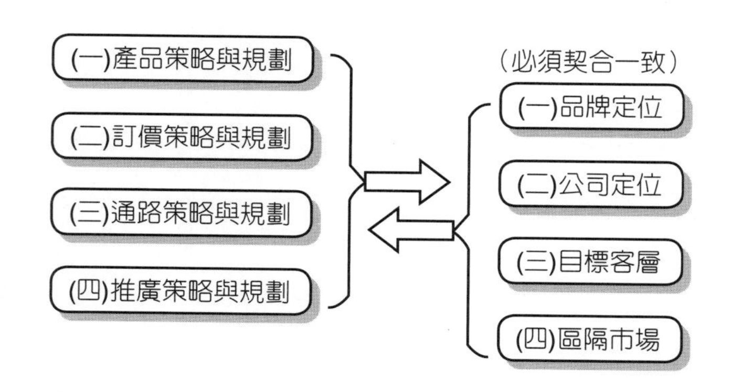

以「王品牛排餐廳」為例：

定位：高級、高價優質牛排館。

目標客層：老闆級、名媛貴婦、高所得、高階主管、較有錢的人。

4P：
(一) 訂價：1,400元以上。
(二) 產品：最優等澳洲牛肉。
(三) 通路：都會區、裝潢高級、服務佳。
(四) 推廣：靠口碑行銷及門市店招牌行銷。

十三 4P的主要負責單位

行銷4P策略的各個負責單位如下：
(一) 產品力：研發部（商品開發部）。
(二) 通路力：業務部（營業部）。
(三) 訂價力：業務部（營業部）。
(四) 推廣力：行銷企劃部。

十四 4P/1S：重視「服務」的時代

現在售前、售中及售後日益重要，故使行銷4P組合擴大成為4P/1S組合。

十五 行銷4P VS. 4C（4P與4C之互動與結合意義）

行銷4P組合，最好搭配行銷4C，才會發揮更大戰力。

㈠Product（產品）：Customer-Orientation或是Customer Value（即堅守顧客導向與顧客價值創造）。

㈡Price（訂價）：Cost Down（成本降低，或降價、回饋消費者及產品價格競爭力）。

㈢Place（通路）：Convenience（便利性，即產品應普遍在各種虛實通路上架，隨處隨時可買得到）。

㈣Promotion（推廣／廣告／促銷）：Communication（傳播溝通，要做好全方位的整合行銷傳播訊息任務，建立好品牌及高知名度）。

十六　4P+4C的全方位與總體行銷競爭力

全方位、總體行銷競爭力二大架構：4P組合＋4C組合，茲說明如下。

（一）4P

1. Product（產品力強）。
2. Price（價格力強）。
3. Place（通路力強）。
4. Promotion（推廣力強）。

（二）4C

1. Customer-Orientation及Customer Value（做好堅守顧客導向與創造顧客物超所值的價值）。
2. Cost Down（做好持續性成本改革下降）。
3. Convenience（做好通路便利性、普及性）。
4. Communication（做好整合行銷傳播有效溝通）。

十七 服務業的行銷5P組合

服務業的人員銷售團隊扮演重要角色，故可延伸為行銷5P組合。

十八 行銷最完整的：4P（5P）+1S+2C組合行銷

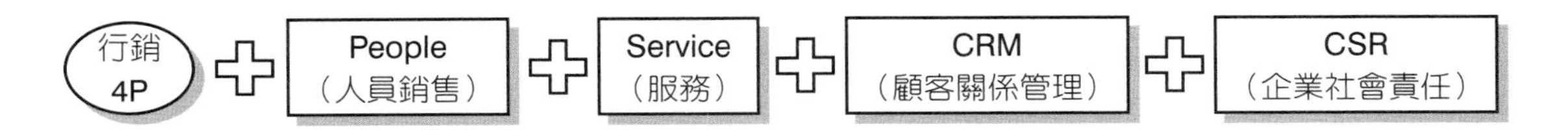

（註：CRM：Customer Relationship Management）

（註：CSR：Corporate Social Responsibility）

十九 當行銷4P做不好時，會如何呢？

當行銷4P做不好時，會如何呢？

（一）產品力不足

1. 致命的根本。
2. 退出市場。
3. 市占率很低。

（二）通路力不足

1. 消費者不方便，會抱怨。
2. 銷售量會受到侷限。
3. 銷售量不易成長。

（三）訂價力不足

消費者會覺得沒有物超所值感。

（四）推廣力不足

1. 品牌力打造不出來。
2. 品牌知名度低。
3. 影響銷售成績。

二十　行銷4P為什麼會做不好呢？

行銷4P為何會做不好？原因說明如下。

（一）產品力不足原因

1. 研發及商開人才不足。
2. 研發費用不足。
3. 缺乏顧客導向及市場導向。
4. 製造設備不足。
5. 缺乏嚴格品管制度。

（二）通路力不足原因

1. 缺少品牌知名度：零售通路商不讓商品上架。
2. 缺少通路開發人才。
3. 產品口碑不佳。
4. 通路商上架費太高，不敢上架。
5. 缺少廣告預算，不讓商品上架。
6. 通路人脈關係不夠。

（三）銷售推廣力不足原因

1. 小公司，老闆不願給行銷預算。
2. 缺少強力代言人做宣傳。
3. 廣宣人才不足，公關人才不足。
4. 人員銷售組織陣容不夠堅強。

（四）訂價力不足原因

1. 生產規模經濟不足，致使產品成本升高。
2. 初期銷售量太少，致使訂價會偏高。
3. 成本降低（Cost Down）努力仍不夠。
4. 毛利率偏高，致使訂價也偏高。

二十一　廠商各部門強大，行銷才會成功

所以，廠商組織必須健全且有好的優良人才，意即：

㈠研發部強大！

㈡商開部強大！

㈢設計部強大！

㈣業務部強大！

㈤製造部強大！

㈥行銷部強大！

2 產品的涵義與分類

一 產品的三個層面

（一）產品的定義

可從三個層面加以觀察：

1. 核心產品（Core Product）（核心利益點：Core Benefit）

係指核心利益或服務，例如：為了健康、美麗、享受或地位。

2. 有形之產品（Tangible Product）

係指產品之外觀形式、品質水準、品牌名稱、包裝、特徵、口味、尺寸大小及容量等。

3. 擴大之產品（Expand Product）

係指產品之安裝、保證、售後服務、運送及分期付款等。

（二）以圖示之

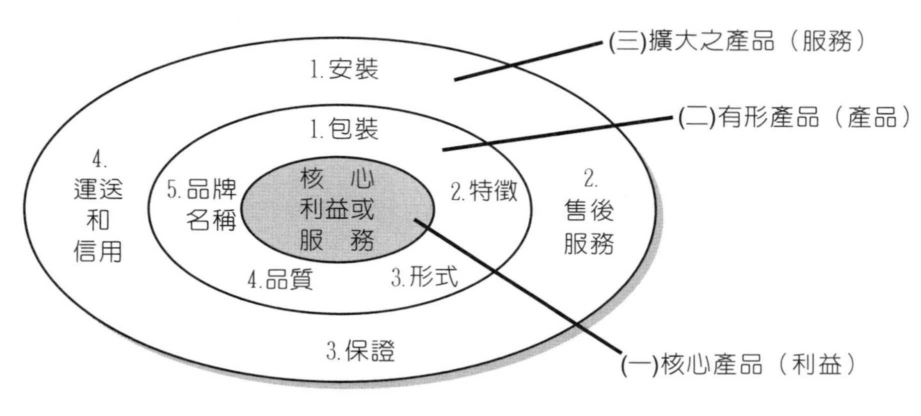

圖5-4　產品定義的三個層面

（三）產品的內涵意義

顧客購買的是對產品或服務的「滿足」，而不是產品的外型。因此，產品是企業提供給顧客需求的滿足。這種滿足是整體的滿足感，包括：

1. 優良品質。
2. 清楚的說明。
3. 方便的購買。
4. 便利使用。
5. 可靠的售後保證。
6. 完美與快速的售後服務。
7. 信任品牌與榮耀感等。
8. 可滿足消費者生理上及心理上的需求。

因此，行銷的重點乃在如何構想，設法從三種層次去滿足顧客的需求。由於競爭的結果，現在行銷都已強調擴大之產品，亦即提供更多物超所值的服務項目。例如：可以多期或分期付款、免費安裝、三年保證維修、客服中心專屬人員服務等。

（四）行銷意義何在：創造更多的附加價值給消費者

公司行銷人員將因擴大其產品所產生之有效競爭方法，而發現更多機會。依行銷學家李維特（Levitt）的說法，新的競爭並非決定於各公司在其工廠中所生產的部分，而在於附加價值的包裝、服務、廣告、客戶諮詢、資金融通、交貨運輸、倉儲、心理滿足、便利，以及其他顧客認為有價值的地方，甚至是終身價值（Lift Time Value, LTV）。

因此，行銷企劃人員所能設計與企劃之空間，就更加寬闊與具創造性。

3 「產品組合」與「產品線」決策

一　產品組合決策（Product Mix Decision）

（一）意義

產品組合，亦稱為產品搭配，係指廠商提供給消費者所有產品線與產品項目之組合而言。例如：美國雅芳（Avon）公司的產品組合，係由主要三條產品線所組成，合計大約有1,300項產品。包括：

1. 化妝品線：護唇膏、口紅、乳液、粉餅等。
2. 家庭用品線。
3. 寶石裝飾品線。

再如，統一企業的產品線包括速食麵、飲料、冰品、沙拉油、乳品、冷凍食品、健康食品、飼料、麵粉等。

(二)寬度、長度、深度與一致性

對於一個廠商，我們可就其產品之寬度、長度、深度與一致性來討論產品組合之意義。

1. 產品的寬度

係指有多少種產品線之數目。

2. 產品的長度

係指每一種產品線中品牌或產品項目之數目。

例如：P&G的洗髮精共計有四個品牌之多，包括海倫仙度絲、飛柔、潘婷、沙宣等。

3. 產品的深度

係指每一項產品或品牌中之不同規格、包裝形式、包封種類、口味種類、配方種類等之數目。

(三)多元化產品組合在行銷上之涵義

以上所討論之產品組合的四個構面，對行銷人員之涵義包括：

1. 可考慮擴大產品線之寬度，進而開展更大的市場銷售額。
2. 可考慮增加產品線之品牌長度，以使產品線漸趨完整，形成一個Full-Line的產品線。
3. 可考慮增加產品線之包裝、形式、規格、色彩，以加深其產品組合。
4. 可考慮更專業化或介入更多領域發展，此可由產品一致性或多樣化而得。

（四）案例

〈案例1〉統一企業多元化產品組合策略

1. 統一企業全產品組合（產品線寬度）

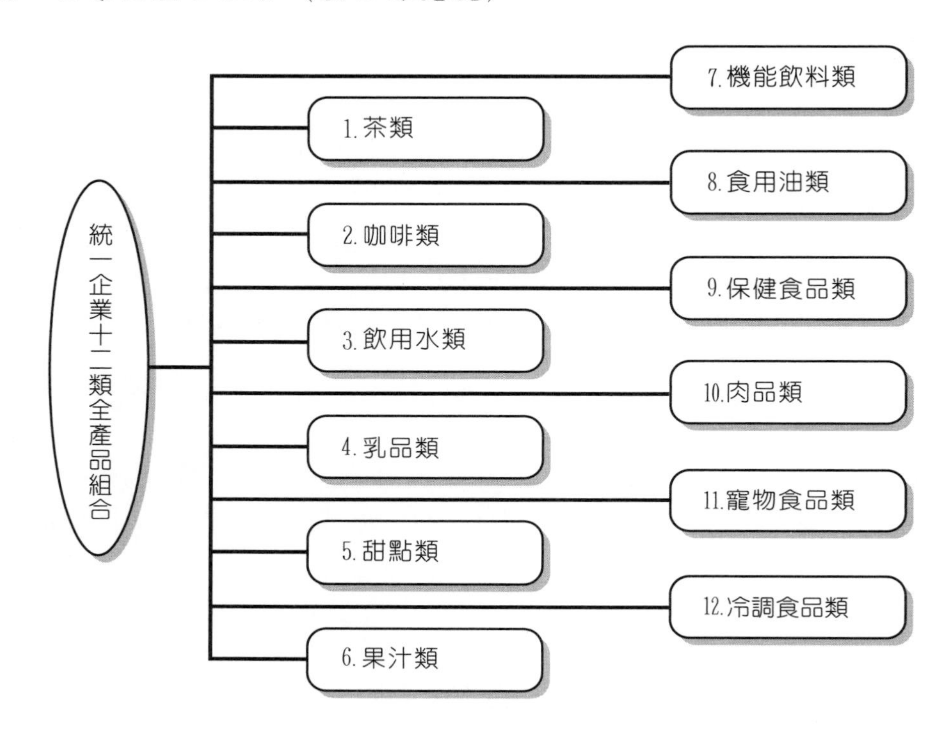

2. 茶系列（產品線長度）

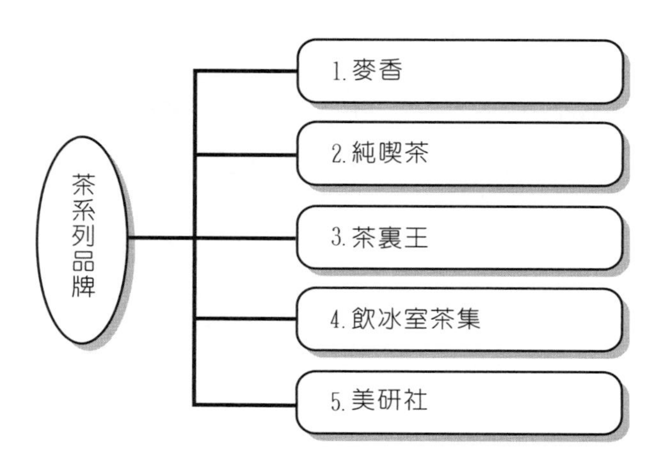

3. 咖啡系列

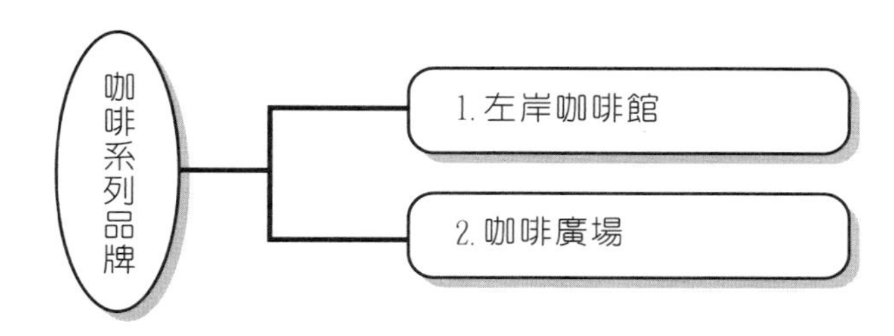

4. 飲用水類

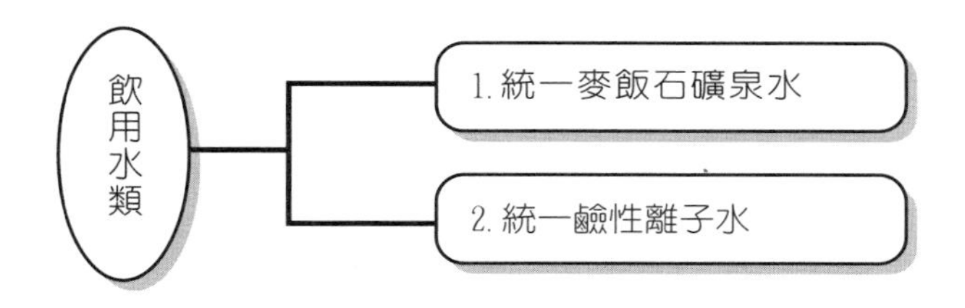

5. 乳品類

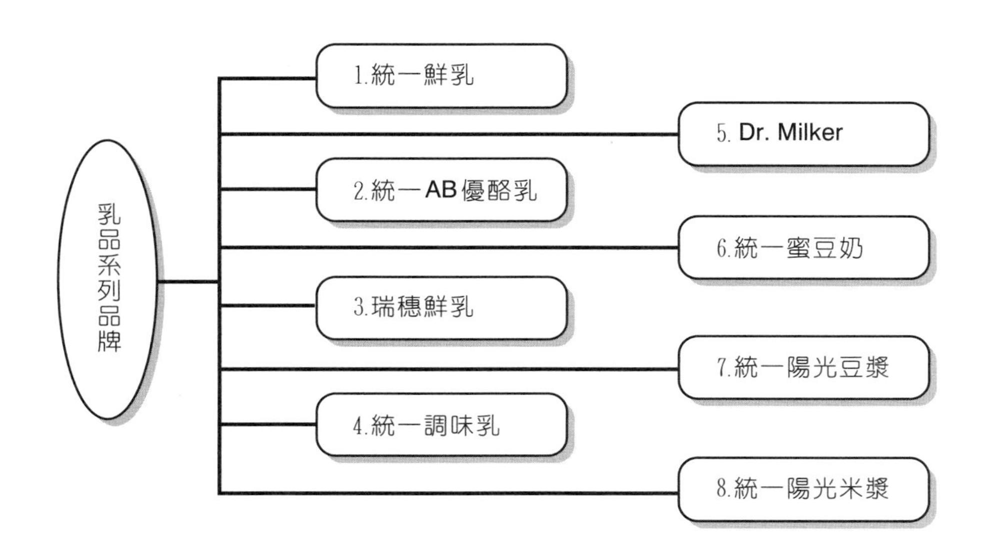

6. 甜點類

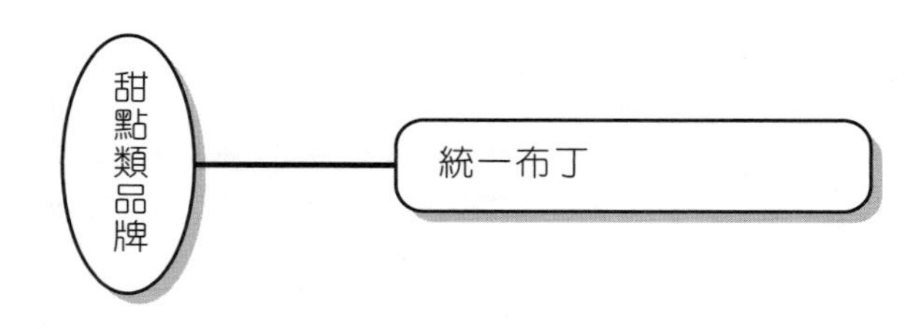

7. 果汁類

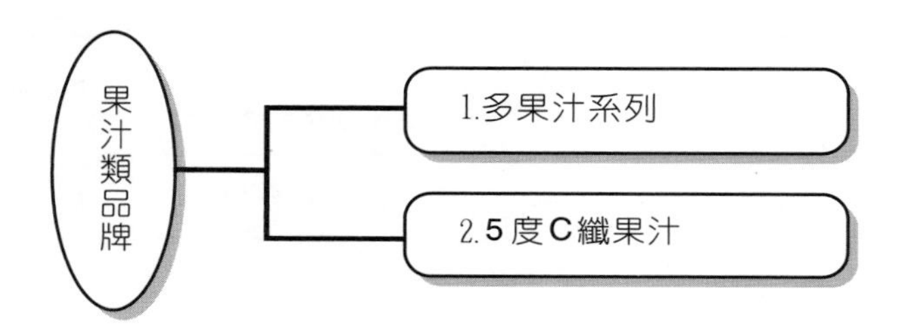

8. 機能飲料類

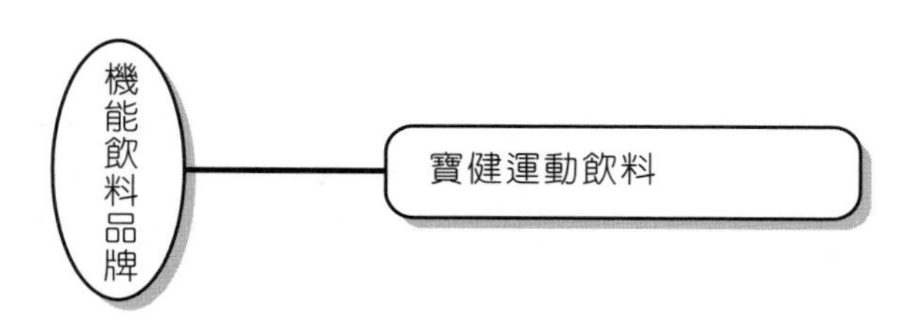

9. 速食麵類

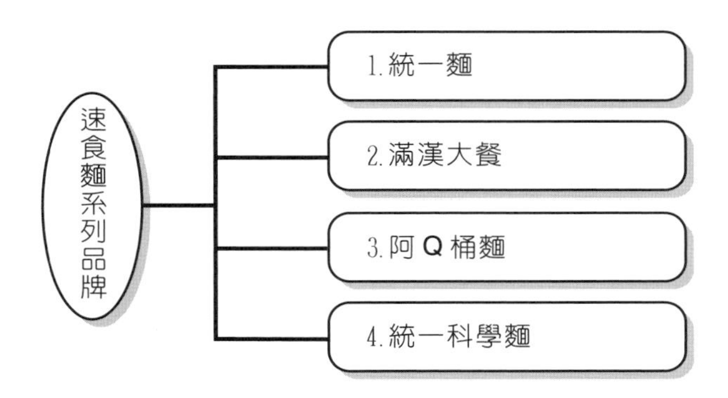

10.食用油品類

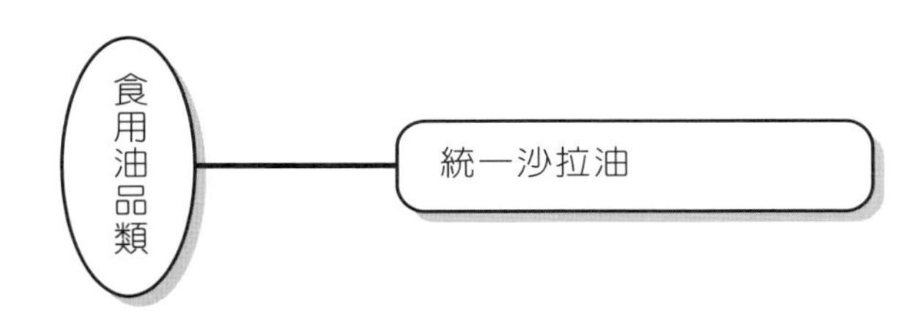

11.保健食品類

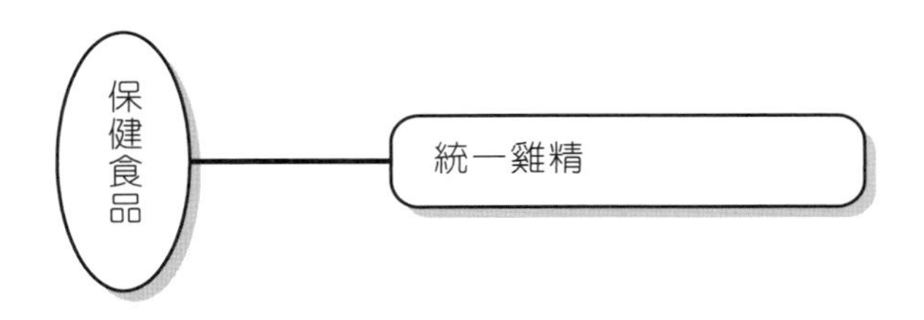

12.肉品類

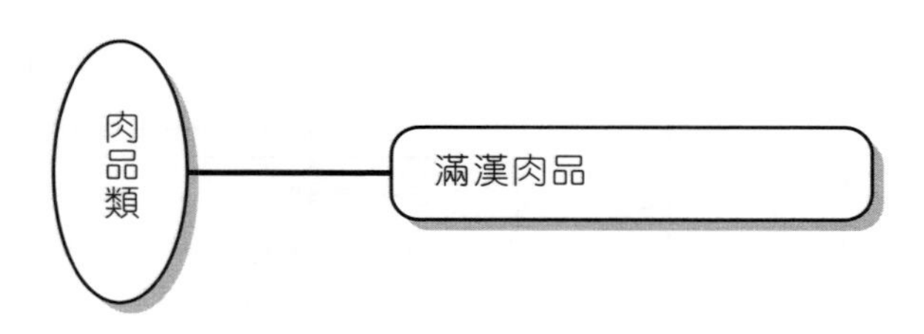

13.寵物食品類

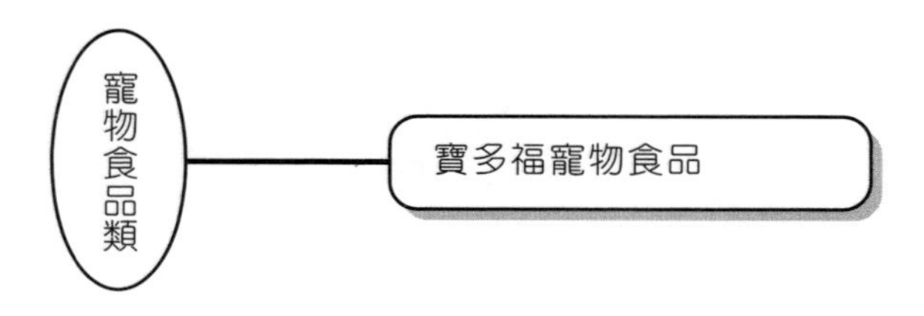

14.冷調食品

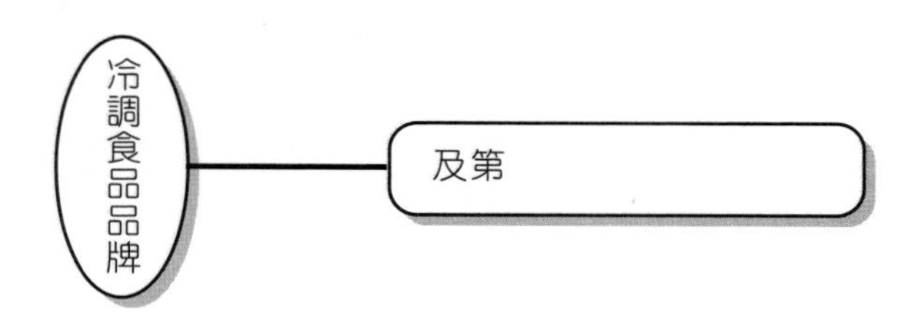

二　產品線決策（Product Line Decision）

（一）擴大不同價位產品線之方法

1. 產品線價格的延伸決策（Line-Stretching Decision）

⑴價位向下延伸（Downward Stretch）

此係指公司原本在高價位市場，現在開始產銷中價位或低價位之產品；例如：P&G公司SK-Ⅱ化妝保養品是高價位，但歐蕾產品是開架式的中低價位保養品，亦即高低價位的保養品均要通吃。

公司採取產品線向下延伸之主要理由為：

〈有利影響〉

① 公司過去經營良好的高品類（高價位）產品，正受到激烈之競爭，可能不再像以往那樣獲利豐厚；因此，轉往低品類產品另闢新的戰場經營。

② 公司初期進入高品類市場，主要是先塑造一個良好形象，有助於往後推出之中低價位與品類之產品。

③ 高品類產品已步入成熟階段，成長將趨緩慢，未來已不再被看好。

〈不利影響〉

採用產品線向下延伸策略，也可能帶來一些不利影響，包括：

① 低品類產品可能會傷害到原先高品類之產品。

② 經銷通路系統也可能不太願意促銷此種產品，主因是利潤微薄。

⑵價位向上延伸（Upward Stretch）

原先產銷低品類之產品，也有機會向中高品類之產品發展。例如：TOYOTA的Lexus即為高價位汽車，有別於Camry、Corona、Vios、Altis及Yaris等中低價位車款。採取的主要理由是：

〈有利影響〉

① 可能受到高品類產品的可觀獲利率之誘惑而加入。

②可能希望成為一個完整產品線（Full-Line）之供應廠商。

但採此方向也會有一些潛在之風險：

〈不利影響〉

①客戶不相信中低品類之廠商，有能力生產高品類產品。

②公司的業務組織及通路組織成員，可能均尚未有充分之能力與準備進入此類市場。

③可能造成高品類廠商之反擊，而危及公司原有中低品類之市場。

⑶水平式延伸

公司若定位在中間範圍之公司，將採水平產品線持續深耕下去。如圖5-5所示。

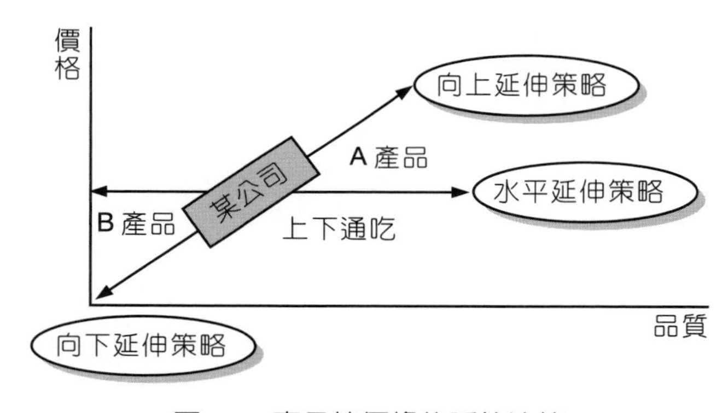

圖5-5　產品線價格的延伸決策

A產品為高品質、高價位，B產品為低價位，分成兩個方向發展。

（二）產品線多元化擴充決策（Line-Filling Decision）

此策略係指透過增加現有產品線範圍內更多的產品項目，達到增長目的。例如：統一食品公司的食品與飲料產品線是最多的。

採取產品線擴充策略之動機有：

⑴增加總利潤。

⑵希望成為完整產品線之領導者。

(3)滿足經銷商一次進貨與顧客購買之需求。

（三）產品線刪減決策（Line-Reducing Decision）

當產品線經理發覺某些產品銷售量、利潤都急速下降時，這表示該產品已步入了衰退期，必須深入檢討是否有必要予以刪除，不再生產或縮減生產量。

4 產品戰略管理（Product Strategy Management）

一 產品戰略管理的重要性：行銷第1P就是產品力

作為行銷第1P的產品（Product），不僅是4P中的首P，也是企業經營決戰的關鍵第1P。因為，企業的「產品力」是企業生存、發展、成長與勝出的最本質力量，它的重要性是不言而喻的。

因此，產品戰略及其管理，關係著本公司「產品力」的消長與盛衰，因此必須賦予高度的重視、分析、評估、規劃及管理。

二 產品力：最根本！最重要！

三 產品戰略管理的五種層面

（一）產品戰略之一：十一項組合產品自身戰略管理

1. 產品戰略

須做好下列十一個項目：

(1)銷售目標對象（Target）。

(2)命名（Naming）。

(3)品牌（Brand）。

(4)設計（Design）。

(5)包裝（Package）。

(6)功能（Function）。

(7)品質（Quality）。

(8)服務（Service）。

(9)生命週期（Life Cycle）。

(10)內涵／內容（Content）。

(11)利益點（Benefit）。

2. 產品戰略三大重點

(1)品質水準。

(2)設計水準。

(3)帶給消費者的利益點。

（二）產品戰略之二：目標市場的設定

1. 產品的目標市場設在哪裡？

2. 產品要賣給誰？

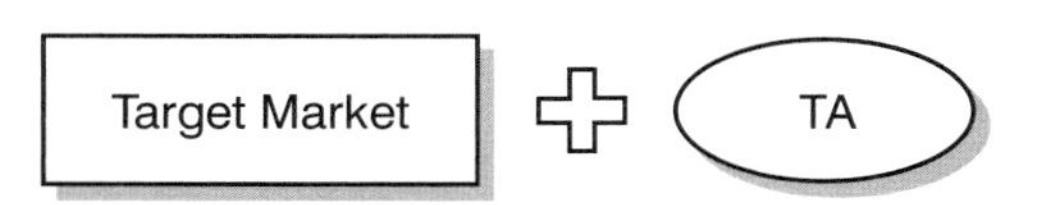

目標市場的設定

市場區隔

	男性	女性
60歲代		
50歲代		
40歲代		
30歲代		目標市場
20歲代		
10歲代		

(三) 產品戰略之三：定位的評估及開發

產品的「定位」（Product Positioning）何在？

定位的評估及開發

評估項目	內容	某化妝品為例
1. 目標市場何在 ⇩	……	……
2. 競爭對手品牌目前狀況 ⇩	……	……
3. 差異化何在（USP） ⇩	……	……
4. 商品屬性為何 ⇩	……	……
5. 消費者利益所在（Consumer Benefit）		

（四）產品戰略之四：產品線組合策略

產品的產品線（Product Line）及多元化產品組合（Product Mix）為何？

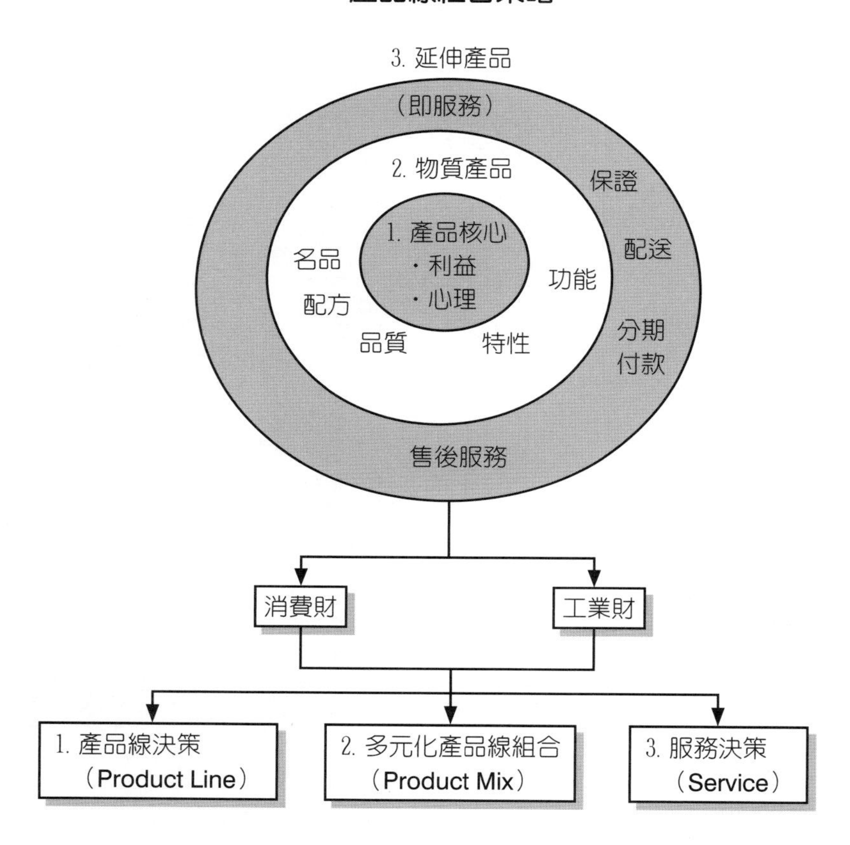

（五）產品戰略之五：從制高點看待Product Portfolio

產品組合戰略的管理矩陣，最後一個產品戰略要考量的是，必須站在制高點，明確分析出公司現有的所有產品及品牌，它們究竟處在哪四種不同的狀況中。

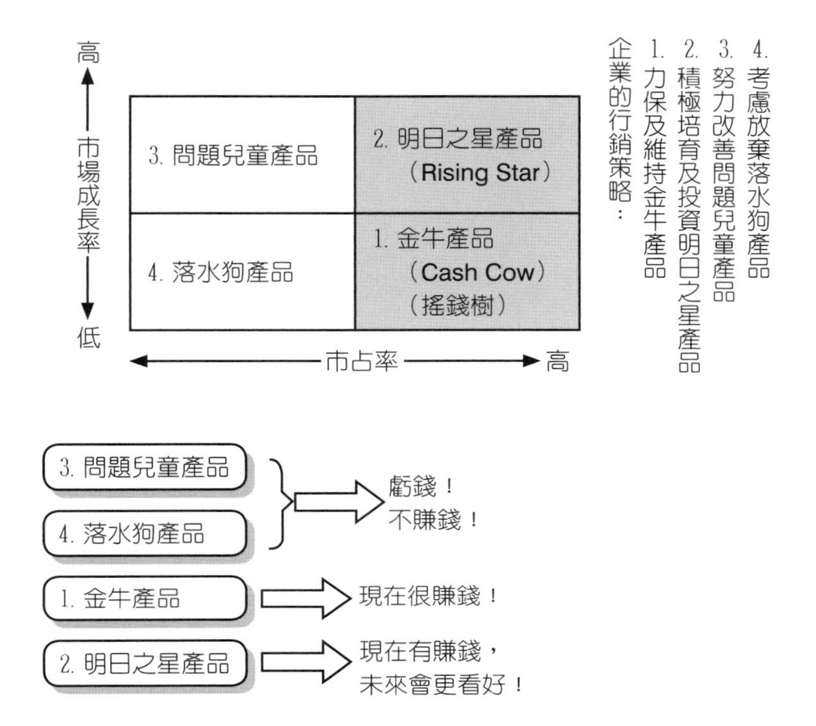

四 誰該負責「產品戰略管理」

下列五大部門，共同對公司的產品戰略負責：

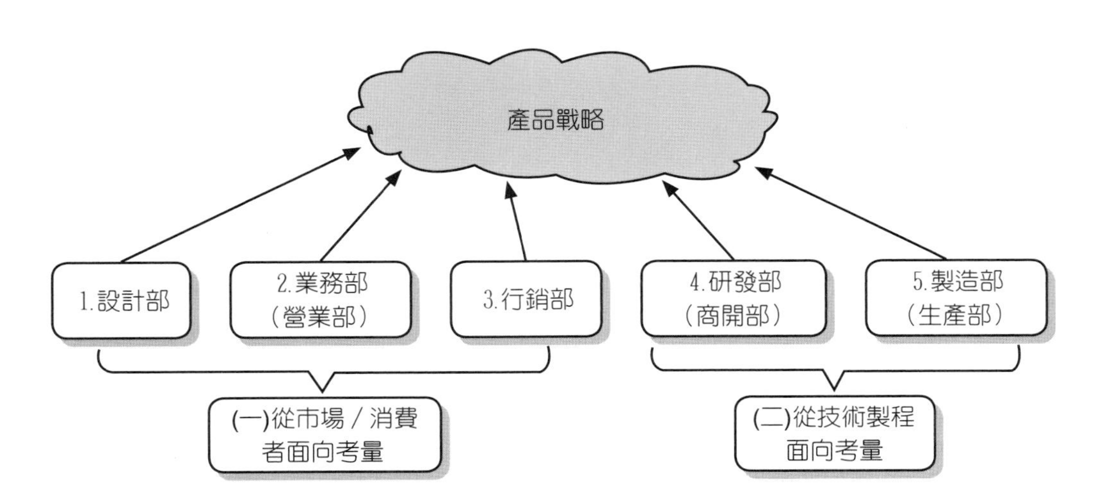

五 廠商產品戰略的七大趨勢

趨勢1：朝向多品牌策略發展！例如：TOYOTA汽車、P&G、聯合利華、手機公司、機車公司、餐飲公司等。

趨勢2：朝向高價、中價、平價兼具發展。

趨勢3：不斷的、定期的改良、改進及革新產品的內容、包裝、設計。

趨勢4：延伸到更多的服務，競爭力提升！

趨勢5：朝向少子化、老年化、單身族、小家庭化的配合。

趨勢6：高品質仍是共同的必要準則。

趨勢7：朝向多元化產品策略發展，力求更多的營收及獲利成長。

六 數十年「長銷產品」的祕訣

三十年、五十年、七十年的長銷產品，其經營祕訣如下：

㈠ 堅持高品質。

㈡ 不斷創新、改良、升級、加值。

㈢ 建立信賴感、好形象。

㈣ 廣告宣傳長期投資，長期保持消費者心目中的好品牌。

例如：大同電鍋、乖乖、好來牙膏、舒潔、可口可樂、林鳳營鮮奶、白蘭、櫻花、統一泡麵、象印電子鍋、Panasonic家電、日立／大金冷氣、566洗髮精、花王、茶裏王、麥當勞、ASUS電腦、iPhone手機、光陽機電、TOYOTA汽車等。

七 廠商產品設計與開發創意的依賴來源

廠商在新產品設計與開發創意上的來源，包括：

㈠ 第一線門市店人員、業務人員。

㈡ 第一線的經銷商、零售商。

㈢ 消費者的市場調查。

㈣ 國外先進國家參展。

㈤ 國外先進市場與先進公司的參訪學習。

㈥ 國內外研究機構的研究報告。

㈦ 國內外專業雜誌的報導。

㈧ 國內外網站訊息。

㈨ 研發人員相關部門共同開會討論。

八 產品生命週期加速縮短（PLC縮短；Product Life Cycle）

㈠ 特別是以下產品：資訊、通訊、3C產品及服飾業。

1. 產品競爭更加激烈。
2. 市占率變化大。
3. 企業壓力很大。

㈡ 如何因應：產品生命週期加速縮短的競爭威脅。

1. 加強研發、商品開發及設計部門的人才團隊陣容。
2. 全面縮短新品開發上市的時間。
3. 全公司全部門人員提高作戰心理準備，需要更勤奮。
4. 要做好市場研究工作，推出符合市場需求的新品。
5. 加速推出改良版、革新版的既有產品。

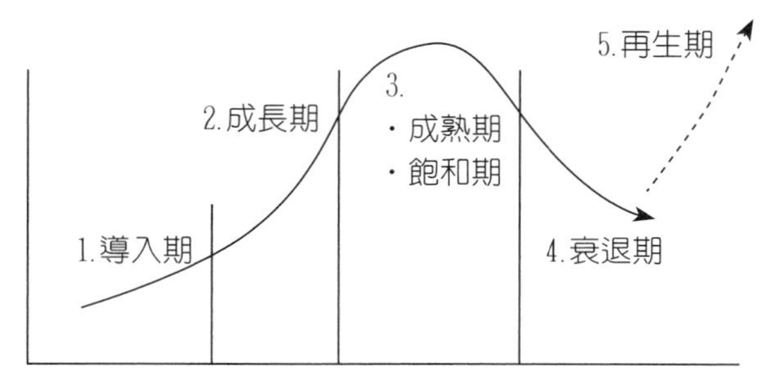

圖5-6　產品的五大生命週期（PLC）

5 新產品上市成功要素及新產品開發步驟

一 新產品開發及上市成功十大要素

（一）充分市調，要有「科學數據」的支撐

從新產品概念的產生開始，可行性評估、試作品完成討論及改善、訂價的可接受性等，行銷人員都必須有充分多次的市調，以科學數據為支撐，澈底聽取目標消費群的真正聲音，這是新產品成功的第一要件。

（二）產品要有「獨特銷售賣點」作為訴求點

新產品在設計開發之初，即要想到有什麼可作為「廣告訴求」的有力點，以及對目標消費群有利的所在點。這些即是USP（Unique Sales Point）獨特銷售賣點，以與別的競爭品牌作為區隔，而形成自身特色。

（三）適當的廣宣費用投入，打響品牌知名度

新產品沒有知名度，當然需要適當的廣宣費用投入，並且有好的廣告創意成功地呈現出來，以打響這個產品及品牌的知名度，有了知名度就會有下一步可走，否則走不下去。

因此，廣告、公關、媒體報導、店頭行銷、促銷等，均要好好規劃。

（四）訂價要有「物超所值感」

新產品訂價最重要的是，要讓消費者感受到物超所值感才行。尤其，在景氣低迷、消費保守的環境中，平價（低價）為主的守則千萬不要忘了。「訂價」是與「產品力」的表現做對照，一定要有物超所值感，消費者才會再次購買。

（五）找到對的「代言人」

有時候，為求短期迅速一炮而紅，可以評估是否花錢找到對的代言人，此可能有助於整體行銷的操作。過去也有一些成功的案例，包括統一超商CITY CAFE、原萃綠茶、全聯超市、中華電信、台啤、白蘭氏雞精、OPPO手機、維骨力、維士比等均是。代言人一年雖花費300～1,000萬之間，但有時候若有效益產生，仍是值得的。

（六）全面性「鋪貨上架」，通路商全力支持

通路全面鋪貨上架及經銷商全力配合主力銷售，也是新產品上市成功的關鍵。這是通路力的展現。

（七）品牌命名成功

新產品的命名若能很有特色、很容易記憶、很好喊出來，再加上大量廣宣的投入配合，此時品牌知名度就容易打造出來。例如：CITY CAFE、Dyson吸塵器、維骨力、Lexus汽車、iPad、iPhone、Facebook（臉書）、SK-II、林鳳營鮮奶、舒潔、舒酸定牙膏、白蘭、潘婷、多芬、好來牙膏、王品牛排餐廳、三星Galaxy等均是。

（八）產品成本控制得宜

產品要低價，則其成本就得控制得宜或是向下壓低，特別是向上游的原物料或零組件廠商要求降價是最有效的。

（九）上市時機及時間點正確

有些產品上市要看季節性，以及市場環境的成熟度，若時機不成熟或時間點不對，則產品可能不容易水到渠成，要先吃一段苦頭，容忍虧錢，以等待好時機的到來。

（十）堅守及貫徹「顧客導向」的經營理念

最後，成功要素的歸納總結，即是行銷人員及廠商老闆們，心中一定要時刻存著「顧客導向」的信念及做法，在此信念下，如何不斷的滿足顧客、感動顧客、為顧客著想、為顧客省錢、為顧客提高生活水準、更貼近顧客、更融入顧客的情境，然後不斷改革、創新，以滿足顧客變動中的需求及渴望。能夠做到這樣，廠商行銷沒有不成功的道理。

二　新產品開發的負責及協助單位

新產品開發，主要由研發部（R&D部門）、商品開發部負責，但另有六個支援協助的單位如下：

㈠業務部。

㈡行銷企劃部。

㈢製造部。

㈣採購部。

㈤財會部。

㈥設計部。

三　研發部訂定每年新品開發計畫目標

研發部每年都會訂定新產品及既有產品的年度計畫。

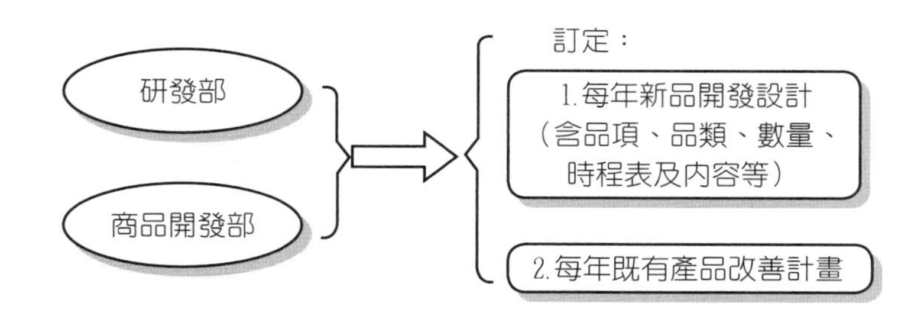

四　新產品「開發」到「上市」的流程步驟

（一）創意概念產生（Concept Idea）

首先是新產品概念的產生，或新產品創意的產生。這些概念或創意的產生來源，可能包括：

1. 研發（R&D）部門主動提出。
2. 行銷企劃部門主動提出。
3. 業務（營業）部門主動提出。
4. 公司各單位提出。
5. 老闆提出。
6. 參考國外先進國家案例提出。
7. 委託外面設計公司提出。

（二）可行性初步評估（Feasibility Study）

1. 市場性如何？是否能夠賣得動？
2. 與競爭者的比較如何？是否具有優越性？

3. 產品的獨特性如何？差異化特色如何？創新性如何？
4. 產品的訴求點如何？
5. 產品的生產製造可行性如何？
6. 產品原物料、零組件採購來源及成本多少？
7. 產品的設計問題如何？能否克服？
8. 國內外是否有類似性產品？發展如何？經驗如何？
9. 產品的目標市場為何？需求量是否夠規模化？
10. 產品的成功要素如何？可能失敗要素又在哪裡？如何避免？
11. 產品的售價估計多少？市場可否接受？

可行性評估二大面向：

1. 市場可行性。
2. 技術可行性。

（三）試作樣品（Sample）

接下來，通過可行性評估之後，即由研發及生產部門展開試作樣品，以供後續各種持續性評估、觀察、市調及分析的工作。

（四）展開市調（Market Survey）及測試

試作樣品完成後，必須進行內／外部的員工及消費者市調與測試，包括：

1. 產品的品質如何？
2. 產品的功能如何？
3. 產品的口味如何？
4. 產品的包裝、包材如何？
5. 產品的外觀設計如何？
6. 產品的品名（名牌）如何？
7. 產品的訂價如何？
8. 產品的宣傳訴求點如何？

9. 產品的造型如何？
10. 產品的賣點如何？

〈**市調及測試對象**〉

市調及檢測的進行對象，可能包括：

1. 內部員工。
2. 外部消費者、外部會員。
3. 專業檢測機構。
4. 通路商（經銷商、代理商、加盟店）。

〈**市調進行的方法**〉

1. 網路會員市調問卷（網路調查）。
2. 焦點團體討論會（FGI、FGD）。
3. 盲目測試（盲測，Blind Test）（即不標示品牌名稱的試飲、試吃、試穿、試乘）。
4. 家庭留置測試（Home Use Test）。
5. 內部員工測試（試吃、試喝、試用、試穿、試用）。

（五）試作品改良

試作品針對各項市調及消費者的意見，將會持續性展開各項改良、改善、強化、調整等工作，務使新產品達到最好的狀況呈現。改良後的產品，常會再一次進行市調，直到消費者表達滿意及OK為止。

（六）訂價（Price）決定

接下來，業務部將針對即將上市的新產品展開訂價決定的工作。訂定市場零售價及經銷價是重要之事，價格訂不好，將使產品上市失敗，如何訂一個合宜、可行且市場又能接受的價格，必須考慮下列幾點：

1. 是否有競爭品牌？他們的訂價多少？
2. 是否具有產品的獨特性？

3. 產品所設定的目標客層是哪些人？

4. 產品的定位在哪裡？

5. 產品的成本及應分攤管銷費用是多少？

6. 產品的生命週期處在哪一個階段性？

7. 產品的品類為何？品類訂價的慣例為何？

8. 市場經濟的景氣狀況為何？

9. 是否有大量廣宣費用投入？

10. 消費者市調結果如何？可作參考。

（七）評估銷售量（Sales）、前三年損益表預估、展開製造生產

接著，業務部應根據過去經驗及判斷力，評估這個新產品每週或每月應該可有的銷售量，避免庫存積壓過多或損壞，並且準備即將進入量產計畫。

此外，也應預估出新產品在未來三年的損益表數據為何，做一個心理準備。

（八）鋪貨上架

業務部同仁及各地分公司或辦事處人員，即應於全臺各通路展開全面性鋪貨上架的聯繫、協調及執行的實際工作。

鋪貨上架務使盡可能普及到各種型態的通路商及零售商。尤其是占比最大的各大型連鎖量販店、超市、便利超商、百貨公司專櫃、美妝店等。

（九）舉行記者會

在一切準備就緒之後，行銷企劃部必須與公關公司合作或是自行舉辦新產品上市記者會，作為打響新產品知名度的第一個動作。

（十）整合廣宣活動展開

鋪好貨幾天後，即要迅速展開全面性整合行銷與廣宣活動，以打響新品牌知

名度及協助促進銷售。這些密集的廣宣活動，可能包括精心設計的：

1. 電視廣告播出。
2. 平面廣告刊出。
3. 公車廣告刊出。
4. 戶外牆面廣告刊出。
5. 網路行銷活動。
6. 促銷活動的配合。
7. 公關媒體報導露出的配合。
8. 店頭（賣場）行銷的配合。
9. 評估是否需要知名代言人，以加速帶動廣宣效果。
10. 異業合作行銷的配合。
11. 免費樣品贈送的必要性。
12. 其他行銷活動。

（十一）觀察及分析銷售狀況

接著，業務部及行企部必須共同密切注意每天傳送回來的各通路實際銷售數據及狀況，了解是否與原訂目標有所落差。

（十二）最後，檢討改善

最後，如果是暢銷的話，就應歸納出上市成功的因素。若是銷售不理想，則應分析滯銷原因，研擬因應對策及改善計畫，即刻展開回應與調整。

五　新產品上市後的三種狀況

（一）叫好又叫座

一上市即成為暢銷商品，為公司帶來營收及獲利的成長。這是典型的新產品開發完美成功，大家自然很高興。

（二）不叫好，也不叫座

此代表新產品上市失敗，銷售緩慢，庫存積累多，消費者反應不佳，口碑不好，最後有可能成為失敗的下架商品。

（三）普通，表現平平，不好也不壞

此時，公司當然會積極展開市調，尋求產品快速改良，以契合消費者的需求及喜愛。

六　新品創意發想各種來源、管道

創意來源有下列管道：

㈠商品開發部門。

㈡研發技術部門。

㈢員工全員提案。

㈣顧客、會員提案。

㈤內部動腦會議。

㈥外部顧問、專業機構。

㈦第一線銷售人員及服務人員。

㈧老闆提供。

㈨外部競賽得獎的創意。

㈩國外先進企業參訪及參展心得。

⑪客服中心接聽顧客的意見。

⑫臉書粉絲意見。

6 品牌概述

一 至少五十年或一百年以上老品牌，依然屹立不搖、長青不墜，擁有高品牌價值

二 臺灣未來走向

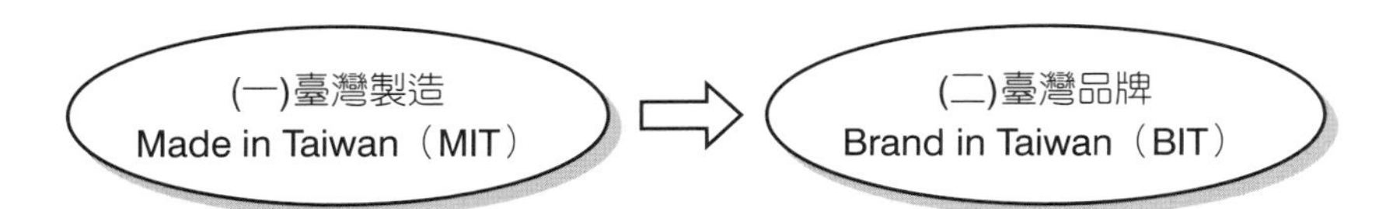

三　為何要重視品牌？「品牌」對廠商的功用（好處、效益）

知名品牌的好處：

㈠可以擁有較高訂價能力。

㈡可以有高利潤賺取。

㈢可以有穩定的營收額。

㈣顧客忠誠度、再購率會較高。

㈤企業可以長期、永續經營。

㈥企業享有較佳的競爭優勢。

四　知名品牌價格差距大

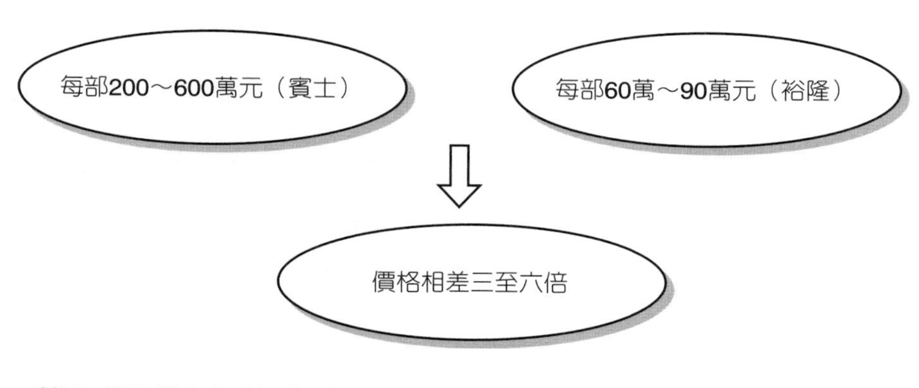

所以，廠商要全力「打造品牌」，
成為「知名品牌」，
累積「品牌資產」，
創造「品牌價值」。

所以，行銷的最重要任務之一：打造品牌，提升品牌價值。

為什麼要打造品牌？ ⇨ 因為具有「品牌價值」！

五 何謂品牌價值

㈠可口可樂品牌價值：700億美元×30倍＝2兆1,000億（以臺幣計）。

㈡今天如果把可口可樂公司、廠房及品牌等全部賣掉，就可以拿到2.1兆元臺幣。

六 品牌與代工的獲利價值比較

鴻海為美國Apple公司代工生產iPhone智慧型手機。

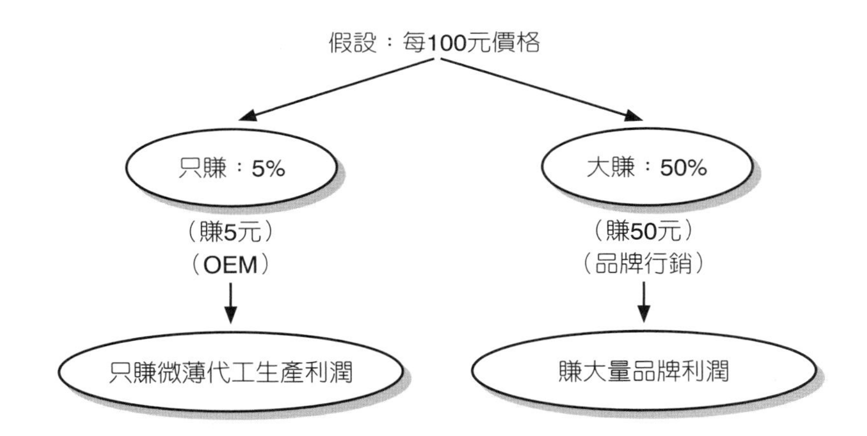

七 品牌是長期持續的旅程

品牌是持續的旅程，莫忘初衷，長期投資品牌，才能永續經營，才能永保競爭力。

八 長期投資廣宣預算（行銷預算）案例

例如：知名品牌每年花費行銷預算如下：

㈠ TOYOTA汽車：每年3億廣告費。

㈡ 7-Eleven：每年2億廣告費。

㈢ Panasonic全產品：每年2億廣告費。

㈣ 資生堂、SKII：每年5,000萬廣告費。

㈤ 林鳳營：每年5,000萬廣告費。

㈥ 茶裏王：每年3,000萬廣告費。

㈦ 飛柔：每年3,000萬廣告費。

㈧ 中華電信全產品：每年1億廣告費。

㈨ 桂格全產品：每年2億廣告費。

九 邏輯觀念

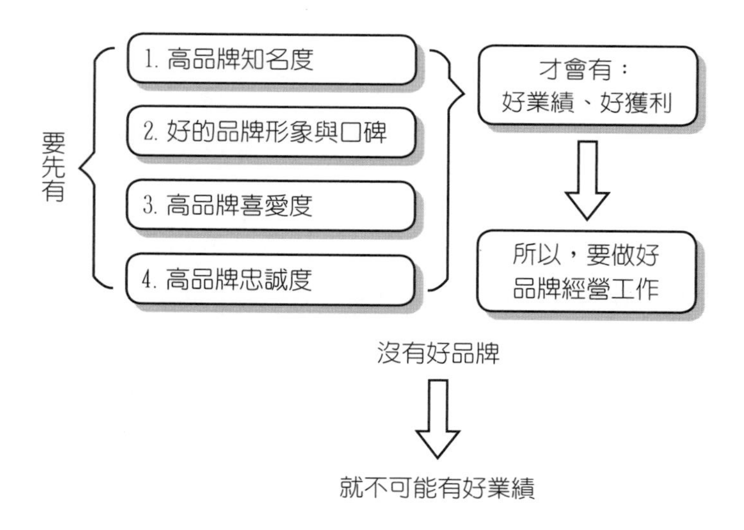

十 品牌經理人名稱

PM：產品經理人
（Product Manager）

BM：品牌經理人
（Brand Manager）

MM：行銷經理人
（Marketing Manager）

都要努力：
- 經營品牌
- 行銷品牌
- 管理品牌

十一 維護品牌好形象

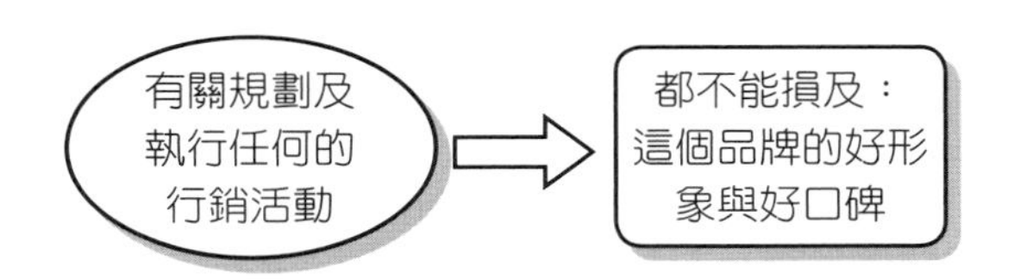

十二 品牌經營六大目標

成功品牌經營的目標：

(一) 打造品牌知名度（Brand Awareness）。

(二) 累積品牌資產（Brand Asset）。

(三) 長期投入維繫品牌信譽（Brand Reputation）。

(四) 不斷創新高品牌價值（Brand Value）。

(五) 達成營收及獲利目標。

(六) 鞏固市占率。

十三　連續三十年蟬聯冠軍的國內理想品牌

品　　類	品牌名稱
女性內衣	華歌爾
電冰箱	Panasonic
抽油煙機	櫻花
衛浴設備	和成
洗衣粉／精	白蘭
速食麵	統一
洗衣機	Panasonic
電鍋	大同
衛生紙	舒潔
牙膏	好來（黑人）

十四　消費者為什麼願意支付較高價錢買知名品牌？或是為什麼他們比較喜歡買知名品牌？

因為：

(一)帶來安心、保障。

(二)帶來品質保證、信賴。

(三)帶來好用、耐用。

(四)帶來好看、心情快樂。

(五)帶來心理尊榮感、虛榮心。

(六)帶來有名的感覺。

(七)帶來價值感、時尚感、感動感。

(八)帶來頂級服務享受。

(九)其他。

十五 品牌是信賴保證

所以：品牌 = 帶來信賴、尊榮、虛榮、保障

十六 桂格創辦人John Stuart曾說：「寧可要品牌，不要廠房」

「如果企業要分產的話，我寧可取品牌、商標或是商譽，其他的廠房、大樓、產品，我都可以送給你。」

廠房、大樓、產品都可以在很短時間內，建造起來或委外代工做起來，但是要塑造一個全球知名的、好形象的品牌或企業商譽，則必須花很久及花很多心力，才能打造出來的，而且無法複製第二個同樣品牌。因此，品牌對公司就像人的生命一般緊密。

無形的資產，比有形的資產更為重要，更不易買到。

十七 全球奧美集團執行長蘭澤女士（Shelly Lazarus）的品牌經驗分享

㈠品牌打造（Brand-Building）與做廣告不一樣。品牌是一個人感受一個品牌的所有經驗，這包括產品包裝、通路便利性、媒體廣告、打電話到客服中心的經驗等之總和。如果有不好的經驗或不太滿意出現時，就會對這家公司、這個店、這個品牌打了折扣，或傳出壞口碑而下次不再購買。

㈡必須以消費者的經驗（體驗）角度，去檢視你的品牌。要主動考察、訪視、感受消費者涉及此品牌的每一個可能接觸點，去體驗品牌如何傳遞、品牌哪

個方面不足。

㈢所以，每一個與消費者接觸點的第一個「關鍵時刻」（Moment of Truth, MoT）都非常重要，都必須有高品質與高素質的服務人員去執行。

十八　何謂「品牌」的定義？

品牌定義乃是「顧客所有經驗」的總和，說明如下：

㈠功能強大。

㈡好用、耐用。

㈢品質佳。

㈣服務好。

㈤外面口碑佳。

㈥價格合理。

㈦方便買到。

㈧送貨快。

㈨看到好廣告。

㈩看到好的報紙報導。

⑪性價比高。

⑫心裡有尊榮感、虛榮心。

⑬穿起來好看，有快樂感。

⑭有保固期。

⑮可以分期付款。

⑯與時代同進步的感覺。

⑰其他。

十九　最強品牌（產品）經理人必備知識：行銷知識＋產業知識

(一)行銷知識（Marketing）

1. 行銷學	10. 市場調查
2. 整合行銷傳播	11. 顧客關係管理（CRM）
3. 廣告學	12. 數位行銷
4. 公關學	13. 服務行銷
5. 品牌學	14. 財會管理
6. 訂價管理	15. 設計學
7. 通路管理	16. 美學
8. 促銷管理	17. 消費心理學
9. 媒體企劃與購買	

＋

(二)產業知識（Industry）

產業知識

・化妝保養
・食品飲料
・日用消費品
・汽車
・名牌精品
・金融銀行
・餐飲
・藥品
・其他

＝ 最強品牌經理人

二十　品牌經理人（產品經理人）薪水

（一）外商公司（比本土公司為高）

1. 協理、副總級：月薪10～20萬元。
2. 經理級：月薪10萬元以上。
3. 副理級：月薪7～9萬元。
4. 專員級：月薪4～6萬元。

例如：P & G、L’OREAL、資生堂、三星、LG、SONY、Panasonic等。

（二）本國公司（本土公司）

1. 協理、副總級：月薪10～15萬元。

2. 經理級：月薪7～9萬元以上。

3. 副理級：月薪5～7萬元。

4. 專員級：月薪3.5～5萬元。

EX：統一企業、味全、光泉、黑松、金車等。

二十一　綜合行銷力的三種組成

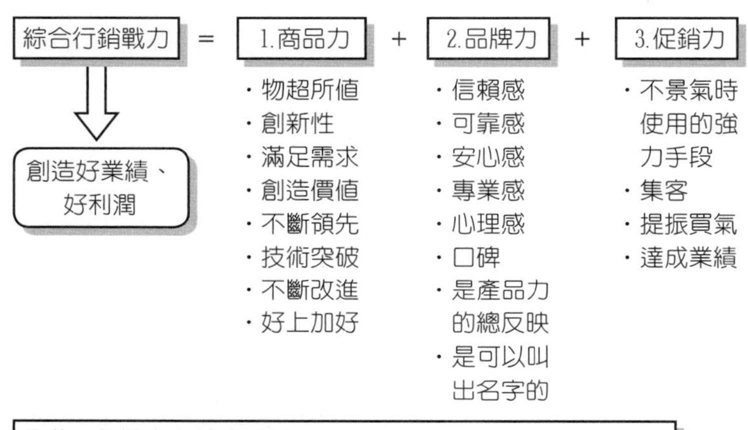

二十二　「顧客基礎」的品牌權益

㈠品牌價值的大小是由顧客或購買者來決定的，而不是由企業本身自行去認定。顧客或購買者認為某個品牌有價值，這個品牌才有價值，此即Kevin Keller教授所說的——「顧客基礎的品牌權益」（Customer-Base Brand Equity, CBBE）之觀念。

㈡因此，品牌價值的大小要從顧客或購買者的角度去探討，此亦是顧客導向的落實。

二十三　品牌資產（或權益）的意義

David Aaker（大衛・艾格）教授認為，明星品牌權益是一組和品牌、名稱與符號有關的資產，這組資產可能增加產品（或服務）所帶來的權益。

品牌權益內容為何，就David Aaker在《管理品牌權益》（*Managing Brand Equity*）一書中所提，其內容包括：

㈠品牌忠誠度（Brand Loyalty）。

㈡品牌知名度（Brand Awareness）。

㈢知覺到的品質（Perceived Quality）。

㈣品牌聯想度（Brand Associations）：想到Nike、想到Starbucks、想到Mac Donald、想到Coca-cola、想到雀巢（Nestle）、想到SK-II、想到資生堂等；就跟他們的產品性質及特色有關聯。

㈤其他專有資產（專利權、商標權、獨特配方）。

二十四　品牌知名度的重要性：品牌行銷操作的第一個目標

沒有品牌知名度：

㈠就不會有很好的銷售業績。

㈡訂價也不可能很高，只能低訂價。

㈢通路不容易全面普及上架。

㈣消費者信賴度不足。

㈤導致此產品或此公司不易獲利賺錢。

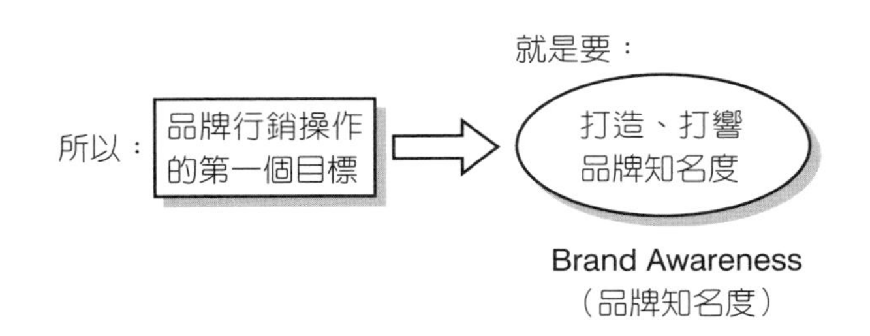

二十五　如何打造品牌知名度

（一）沒錢做電視廣告的小品牌

逐步、慢慢打出知名度：

1. 利用口碑行銷。
2. 利用門市店招牌。
3. 利用社群網路及手機行銷（例如：FB、YouTube、IG、LINE、Google、網紅、直播主、部落客）。
4. 利用媒體話題報導。
5. 利用公車站牌廣告。

（二）有錢做廣告的品牌

快速打出品牌知名度：

1. TVC電視廣告。
2. NP報紙廣告。
3. MG雜誌廣告。
4. 戶外看板、公車廣告。
5. 大型事件、行銷活動。
6. 記者會、公關報導。

二十六　品牌知名度如何產生

高品牌知名度產生方式：

㈠產品好、服務好、價格便宜或者合宜：實際體驗過此產品，消費者的滿意度高。

㈡各種媒體廣告強打（電視、報紙、雜誌、公車、網路及手機）：看過這個品牌名字。

㈢直營店、加盟店、零售店招牌、POP廣告：看過這個品牌名字。

㈣新聞公關報導：看過這個品牌名字。

㈤透過口碑行銷傳播：聽別人介紹過。

二十七　品牌忠誠度（Brand Loyalty）

品牌忠誠度 = 持續性的再購率、重購率 = 習慣性購買此品牌，很難更換品牌。

二十八　品牌忠誠度所帶來的好處

㈠可以穩固公司每個月的固定業績額。

㈡可以節省行銷推廣支出成本。

㈢吸引新的顧客上門（具口碑效果）。

㈣提供廠商一個策略反擊的緩衝時間。

㈤可獲得零售流通業者的較大支持。

二十九　顧客忠誠度下滑、降低的原因

㈠有些消費者具有最低價格取向，只買便宜的牌子。

㈡有些消費者並沒有買品牌貨的理念及習慣。

㈢有些消費者是喜新厭舊的。

㈣有些消費者受到其他品牌促銷活動影響，而轉換品牌。

㈤有些消費者喜歡轉換不同品牌，喜歡多元化、多樣化。

㈥消費者認為產品品質並無差異，廠商水準都很高。

三十　如何鞏固、提高、維繫品牌忠誠度

(一) 每年投資打廣告，提醒（Reminding）效果。
(二) 在店頭（零售商）定期舉辦促銷活動（例如：買二送一、全面半價）。
(三) 不斷推陳出新、創新產品，推出新產品與新品牌。
(四) 定期革新包裝：設計、色彩、瓶身。
(五) 避免負面、不好的新聞出現。
(六) 確保高品質的穩定性。
(七) 推出紅利積點或會員優惠活動（例如：會員卡、紅利積點卡）。
(八) 做好公益行銷活動。
(九) 持續領先品牌的形象地位。

三十一　品牌元素——品牌成功的基礎內涵

打造成功品牌的十六個元素：
(一) 品牌名稱（品名）。
(二) 品牌故事。
(三) 品牌標誌（Logo）。
(四) 品牌Slogan（廣告語）。
(五) 品牌風格（Style）。
(六) 品牌精神。
(七) 品牌設計與美學（Design）。
(八) 品牌品質。
(九) 品牌音樂（Jingle）。
(十) 品牌特色、特性或個性。
(十一) 品牌包裝。
(十二) 品牌差異化。
(十三) 品牌優越性。

㈣品牌定位。

㈤品牌核心價值。

㈥品牌承諾。

自我評量題目

1. 何謂行銷4P？
2. 何謂服務業的行銷8P/1S/1C？
3. 何謂行銷4P與4C？
4. 產品定義的三個層面為何？
5. Product Line、Porduct Mix之中文為何？
6. 長銷產品的四大祕訣為何？
7. 何謂PLC？
8. 請列出新產品開發及上市成功的十大要素？
9. 請列出新產品創意來源有哪些？
10. PM、BM、MM之中文為何？
11. 品牌忠誠度的好處有哪些？

第六章

價格策略

1 訂價因素與程序

一 訂價的重要性分析

訂價對廠商當然是非常重要的，因為這牽涉到三個面向，值得深思。

(一) 第一個面向：從競爭者看——競爭對手降價策略的不利影響分析

當你被其他競爭對手用低價割喉戰攻擊時，如果應對不當或不夠即時，可能會喪失掉市場領導地位。可是，如果你也跟著降價，有時也會產生不小的損失。

例如：《蘋果日報》從香港到臺灣，進軍報業市場，幾年下來，由於當初的10元低價策略成功，再加上該報的編輯手法與內容的差異化，使該報的閱讀率在短短三年內，即已追過《中國時報》、《聯合報》及《自由時報》，成為AC尼爾森閱報率調查中的第一大報。《蘋果日報》10元訂價，其實是虧錢在經營的。但是，此舉也迫使《中國時報》及《聯合報》不得不將原來的15元訂價，同時下調到10元。這樣一來，該兩大報的淨損失計算如下：

一份損失5元收入×30天×50萬份每日發行量×12個月＝9億元（一年的損失）

從上述來看，不要小看一份報紙調降5元，一年實際損失高達9億元。難怪最近幾年來，國內幾乎各大報業都不賺錢（註：除了專業報紙外，例如：《經濟日報》、《工商時報》仍有小賺。另臺灣的《蘋果日報》已於2022年3月停刊、關門了）。

（二）第二個面向：從消費者看——消費者能夠接受的價格區間

當廠商推出一個新商品或改良式商品上市時，它所訂的價位，對消費者而言，是否可以接受；與競爭品牌比較，是否具有競爭力。如果訂價太高或太低得不適當，使其無法被消費者認同或接受時，商品可能會滯銷，進而失敗下市，或是無法成為知名品牌商品。尤其，在今天M型化社會所得兩極化，及商品價格也兩極化的狀況下，如何做出正確的訂價決策，自然是很重要的。

（三）第三個面向：從公司自身損益來看——訂價直接衝擊到公司的損益

公司到底要訂多少價格，當然基本上還是首先要考量到有沒有錢賺或是不能虧錢賣，但到底要賺多少毛利或純利潤才是最恰當，這必須參考很多因素來決定，包括：1.商品的特色；2.獨特性；3.流行性；4.生命週期；5.競爭環境；6.公司基本政策；7.公司當前的策略行動原則；8.消費者的需求性；9.其他等因素。

當然，也有少數狀況下，公司為了某種大戰略、大政策及大目標，會以虧錢方式來訂定價格策略，也是曾有的例子。不過，這畢竟是不多的，而且也不是長期性常態。

二　對營收、成本、費用與損益的必備基本概念

對於行銷訂價的知識，首先應該對公司每月都必須即時檢討的「損益表」（Income Statement）有一個基本的認識及知道如何應用。因為，必須從每月損益表的數據中，去檢討訂價策略與行銷策略，並做即時的因應對策（註：損益表是公司老闆必看的財務報表，亦即要了解公司每個月是賺錢或虧錢的重要報表）。

（一）損益簡表項目

①營業收入（Q×P⇒銷售量×銷售價格）
－②營業成本（製造業務爲製造成本，服務業稱爲進貨成本）
③營業毛利（毛利率、毛利額）
－④營業費用（管銷費用）（管理費用＋銷售費用）
⑤營業損益（賺錢時，稱爲營業淨利；虧錢時，稱爲營業淨損）
±⑥營業外收入與支出（指利息、匯兌、轉投資、資產處分等）
⑦稅前損益（賺錢時，稱爲稅前獲利；虧損時，稱爲稅前淨損）
－稅負
稅後損益（稅後獲利）（或稅後虧損）
÷在外流通股數
每股盈餘（Earnings Per Share, EPS）（意指每股爲公司賺多少錢）

（二）對每月損益表的分析與應用

〈公司爲何會虧損？〉

當公司呈現虧損時，有哪些原因？又應如何因應改善呢？有四大原因如下：

1. 可能是營業收入額不夠：而其中又可能是銷售量（Q）不夠，也可能是價格（P）偏低等所致。例如：一個月必須銷售10萬瓶飲料，但只賣出9萬瓶；或是售出價格低於原先預計的售價。
2. 可能是營業成本偏高：其中，包括製造成本中的人力成本、零組件成本、原料成本或製造費用等偏高所致；如是服務業，則是指進貨成本、進口成本或採購成本偏高所致。例如：最近麵粉、黃豆原料成本高漲。
3. 可能是營業費用偏高：包括管理費用及銷售費用偏高所致，此即指幕僚人員、房租、銷售獎金、交際費、退休金提撥、健保費、勞保費、加班費、銷售人員等是否偏高。
4. 可能是營業外支出偏高所致：包括利息負擔大（借款太多）、匯兌損失大、資產處分損失、轉投資損失等。

〈公司如何才能獲利賺錢？〉

基本上來說，公司對某商品的訂價，應該是看此產品或是公司的毛利額，是否超過該產品或該公司的每月管銷費用及利息費用。如有，才算是可以賺錢的商品或公司。所以，基本上廠商應該都有很豐富的過去經驗，去抓一個適當的毛利率（Gross Margin）或毛利額。例如：某一個商品的成本是1,000元，廠商如抓30%毛利率，則會將此產品訂價為1,300元左右。亦即，每個商品可以賺300元毛利額，如果每個月賣出10萬個，表示每個月可以賺3,000萬元毛利額。如果這3,000萬元毛利額已經超出公司的管銷費用及利息，那麼就代表公司這個月可以獲利賺錢了。

三　公司應如何轉虧為盈或賺取更多利潤

企業經營的目的，即是在獲利及善盡社會公益責任等兩個方向。

企業應如何轉虧為盈，或是在既有基礎上獲取更好的獲利效益呢？主要有以下幾種做法。

（一）努力提高營業收入的九種做法

企業如果有虧損或獲利太小，首要原因即是營收額（業績）太少之故。故應考慮下列對策：

1. 加強改善產品品質及功能，以獲得顧客的好口碑及肯定，願意經常性購買。
2. 加強開發新產品上市，可以創造新的營收來源，並取代舊有產品。
3. 應適度投入廣告宣傳費用支出，以打響品牌知名度，才有利於被購買。
4. 應定期舉辦大型促銷活動（週年慶、年中慶），以吸引人潮及買氣。
5. 應加強擴大通路的多元性，使公司產品上架更普及，更便利消費者購買。
6. 應評估適時降價的可行性，以薄利多銷概念帶動銷售量上升。例如：很多數位相機、手機、液晶電視機、筆記型電腦等早期價格都很貴，但現在都降價便宜很多，因而提高銷售量。

7. 加強業務銷售組織陣容及人力素質。很多產業仍需仰賴人員銷售，例如：百貨公司專櫃人員、精品店銷售人員、汽車經銷店銷售人員、直銷商人員、壽險公司、銀行理財專員等均是，提升業務組織戰力，才會提振銷售業績。
8. 增加銷售地區。例如：採用增加外銷出口的方式，也可以增加銷售量。
9. 另外，有時候反而採取提高售價方式。因為產品的原物料、零組件都上漲，迫使產品也必須漲價因應。

（二）努力降低營業成本

降低成本也是提高利潤或轉虧為盈常使用的方式之一，包括製造成本的降低或是進貨成本的降低。

在製造成本降低方面，包括如何從最大宗的原物料成本或零組件採購成本下降，以及工廠人力成本下降等。因此，如何向國內外原物料供應商詢問到最低價的供應商，此為重點所在，或是將採購量標準化，盡量集中在少數幾家供應商，以量來制價。

另外，若是服務業，則在於降低進貨成本，包括向國內外進口商及供應商尋求降低報價成本。

（三）努力提高毛利率

企業獲利不佳，很可能是毛利率不夠。例如：毛利率只有二至三成可能不夠，故要提升毛利率為四成。要提高毛利率，則只有兩個途徑：一是提高售價；二是降低製造成本。

（四）努力降低營業費用

很多時候，想要提高毛利率也不是件容易的事，因為售價不易提升，成本也不易下降。因此，最後只有努力降低營業費用，包括：

1. 精簡總公司的幕僚人員，以降低人事費用。
2. 節省辦公室房租，可將總公司辦公室遷到二級辦公商圈或移到郊區。
3. 節省廣告費支出。
4. 節省交際費。
5. 節省其他雜費。

（五）努力降低營業外費用支出

最後，還有一項營業外費用支出，亦是可以努力控制的空間，包括：

1. 利息節省（向銀行借款減少）。
2. 轉投資損失減少（減少虧錢的轉投資事業）。

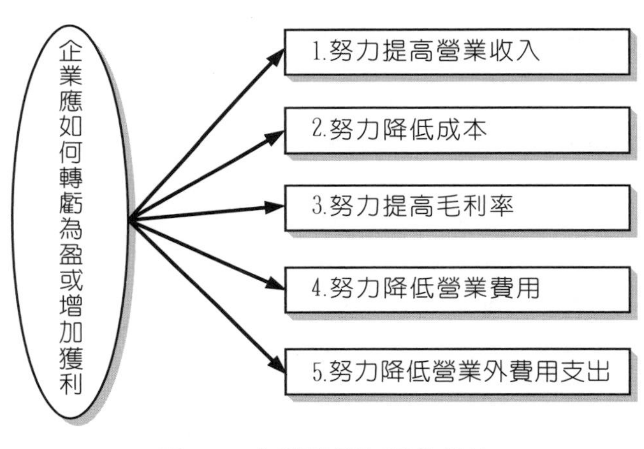

圖6-1　企業轉虧為盈的做法

四　公司從行銷4P面向應如何轉虧為盈或賺取更多利潤

如果從行銷4P面向來看，可以加強行銷4P的操作，以增加營收額或增加獲利額，茲說明如下。

（一）提高產品力（Product）

產品力是銷售力量的本質，而產品力提升，包括：

1. 不斷改善產品的品質、設計、內涵、包裝等。
2. 打響品牌知名度。
3. 推出優良新產品上市。
4. 強化齊全的產品線組合。

（二）提高通路力（Place, Channel）

1. 如何使產品通路更多元化、具有有更多的通路布置，以便利消費者。
2. 如何使產品一定要進入主流賣場且陳列上架，例如：統一超商、家樂福、全聯福利中心、百貨公司專櫃、屈臣氏等大型連鎖零售通路。
3. 加強在通路賣場的店頭行銷廣宣布置。

（三）提高推廣力（Promotion）

1. 加強廣告宣傳的投資。
2. 加強公關媒體報導的投資。
3. 加強人員銷售組織的陣容。
4. 加強大型促銷活動的投資。

（四）提高價格力（Price）

1. 訂價必須讓消費者感到物超所值。
2. 訂價與競爭者產品相較，應具有競爭力。
3. 訂價應隨環境變化，而能夠彈性、機動、應變，不能太僵硬而一成不變。

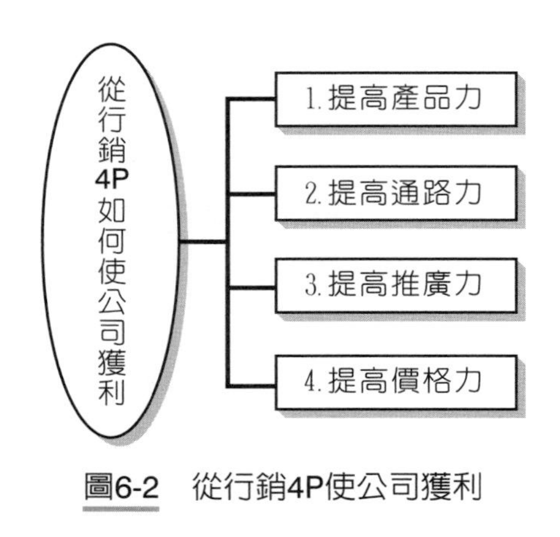

圖6-2　從行銷4P使公司獲利

五　決定及影響訂價之基本因素（Basic Factors for Pricing）

當廠商要決定一個產品之價格時，大致考慮之因素有以下幾點。

（一）產品之獨特程度（Distinctiveness）

當產品愈具有設計、功能及品質或品牌上之特色時，其對價格選擇的自主權就會比較高；反之，則幾無任何訂價政策可言。例如：LV、PRADA、CHANEL等名牌皮件、服飾，及Benz、BMW等高級轎車，均具有高度的特色或品牌知名度，故能訂出很高價格。

（二）市場與消費者需求程度如何（Demand Condition）

此產品對消費者需求的程度愈高，表示消費者沒有辦法不要這類產品，因此，訂價之自主權也會較高。例如：日劇或韓劇流行時，各電視臺均會搶著購買，韓國電視臺的版權出售訂價也就會拉高。

（三）產品成本多少（Cost Condition）

產品訂價在正常情況下，自然必須高於製造成本或進貨成本，才有利潤可言。當然有時為了促銷產品而低於成本出售，以求得現金或為搶占客戶之現象也有，但畢竟非屬常態。

（四）市場競爭激烈狀況如何（Competition Condition）

當廠商在幾近完全競爭的消費市場上，並無任何領導性地位時，其訂價必然需要考慮到競爭對手之價格，此乃識時務為俊傑之做法。第二品牌經常會以低價競爭策略，攻擊第一品牌的市占率。但有時也會跟隨第一品牌，大家有默契的共撈好處。總之，當市場供過於求，而太過競爭時，其市場價格必會趨於下降，訂價策略就不易施展，此乃大環境使然。

（五）有關政府法令之規定（Law-Regulation）

在美國有取締造成獨占價格歧視之正式法律，此亦應一併加以注意。國內政府相關單位也有類似規定，不過這種狀況是很少的。例如：國內《有線廣播電視系統經營者收費標準》訂定收費上限，每個月不得超過500元。

六　訂價比較案例

（一）平版衛生紙

不同品牌名稱	內容量	訂價
1. 舒潔平版衛生紙	300抽×6包	139元（最高價）
2. 春風平版衛生紙	300抽×6包	119元（最低價）
3. 可麗舒平版衛生紙	300抽×6包	125元
4. 得意平版衛生紙	300抽×6包	135元

比較：舒潔品牌資歷較深、名氣較響，因此較其他品牌衛生紙訂價高。

（二）洗髮乳

不同品牌名稱	容量	訂價	平均1ml
1. 潘婷倍感直順洗髮乳	750ml	209元	0.28元
2. 麗仕活采炫亮洗髮乳	1,000ml	255元	0.26元
3. 花王洗髮精頭皮潔淨型	400ml	86元	0.22元（最低價）
4. 沙宣水凝潤澤洗髮乳	500ml	229元	0.46元（最高價）

比較：沙宣洗髮乳讓顧客在家也可以享受到在美髮沙龍的品質，因此較其他品牌洗髮乳訂價高。

七 訂價程序六步驟（Pricing Procedure）

企業對一項新產品之訂價決策，其較完整之程序步驟說明如下。

（一）擇定訂價目標（Pricing Target）或訂價政策（Policy）

對於訂價目標的追求，主要有以下四項。

1. 求生存目標（To Survive Target）

企業要求生存，先要將產品銷售出去，因此，訂價若不恰當（過高或過低）勢必影響銷售量，銷售量達不到損益平衡點，自會影響其生存空間。因此，必須先考量此訂價對生存之銷售量或銷售盈餘之影響程度。在此政策下，其訂價會稍低於競爭對手，但仍會有些許利潤；因為，企業不可能長期虧損而仍能存活。

2. 求短期利潤最大化（To Pursue Profit Maximum）

有些企業為求在短期投資後能達報酬回收目的，因此以高價位訂價方式，而企圖獲取短期利潤之最大化；當然此處之高價位並不保證就一定是高品質產品。例如：早期推出的手機、電腦、DVD機及液晶電視機均很貴，但後來就便宜了，因為供過於求而普及化了。

3. 求市場占有率領導優勢（To Pursue Market Share Leading）

有些企業訂價的出發點並不在於追求短期利潤之最大化，而是希望先占有較大的市場占有率，創造市場知名度與領導優勢，然後再去考慮利潤最大化之目標。因此，可能會以較低價位去搶攻市場。

4. 求產品高品質領導優勢（To Pursue Quality Leading）

少數企業則以堅持產品品質之領導優勢，作為訂價之首要目標。換言之，在此堅持之下的訂價，必然是高價位的方式，例如：國外名牌汽車、名牌服飾、名牌皮件及名牌化妝品等；而國外兩大精品集團LVMH及Gucci，其旗下的各系列品牌產品，均係採高價位策略。

（二）了解消費者需求水準（Understand Demand Condition）

在擬定訂價目標之後，其次要了解消費者需求水準。因為需求與價格之間有顯著關係。就一般經濟學理論來說，有一條需求曲線，當價格下降，需求會增加；價格上升時，則需求會減少。訂價之前要了解消費者需求水準，主要是希望能夠面對實際市場行情，並斟酌不同價位下之可能銷售量。當然，有少數高知名度品牌之產品，當提高價格後，反而使銷售量增加，這是因價格的一部分為「虛榮心」附加上去的，非屬常態。例如：現在國內高等教育有高學費趨勢，就是因為國內一般民眾有追求高學歷的需求所致。再如，國外Cartier、FENDI、寶格麗、Tiffany等珠寶、鑽石與手錶，其價格也高達數十萬元或數百萬元之譜，這是炫耀價值的名牌產品。

（三）估算產品成本（Forecast Product Cost）

第三個步驟是要估算產品的成本，因為這是訂價的最下限。在產品成本方面，有以下兩點應加以說明。

1. 產品成本項目及金額的正確估算

一個比較具完整性之成本估算，應該包括產品的直接成本，如材料、零組件、直接人工成本、廠務管理費用等；另外，也應包括間接費用的分攤，如廣告促銷費用、總公司間接人工費用以及管理費用等。製造業的零組件及材料成本占比較大，而服務業則以人力成本占比較大。產品成本必須精確估算，才能作為訂價時參考基礎。

2. 產品成本會隨量增而下降

成本中的機械設備折舊費用分攤、廠務幕僚人員薪資及總公司各項費用，可以說都屬固定的。當銷售量增加時（生產量也增加），每一個單位產品成本將會隨之下降。例如：生產10萬輛汽車及生產50萬輛汽車的成本，就會有很大不同，包括採購成本可以下降、製造費用分攤金額可以調降，以及總公司費用分攤金額也可以下降。這些費用的下降，就會使得每做一個產品的總成本獲得下降，這也是所謂「規模經濟」的效應所致。

（四）分析競爭者的產品及價位（Analyze Competitor's Product and Price）

我們可以這麼說，界定產品需求程度，即是告訴我們訂價的最上限，而預估產品成本，即屬訂價之最下限；而分析競爭者的產品及價位，則有利於我們在上、下限價格帶（Price Zone）之間，擇定一個較合宜且較具市場競爭力之最後價位。分析對手的產品及價位，主要就是要增強本身的市場競爭力，期使不要陷於價格苦戰之泥淖中，而能認清大局趨勢。特別是對於第一品牌或市占率較高品牌的訂價，尤應深入分析、比較、評估，以訂出最有攻擊力的價格策略。

（五）擇定訂價的方法（Select Pricing Method）

分析過上述四項狀況後，在最後訂價決策之前，必須選擇哪一種訂價方法，

將在後文再做詳細說明。

（六）擇定最終之價格（Finalize the Price）

第五步驟的各項訂價方法之目的，是要縮小擇定最終價格之考慮範圍。除此之外，對最後價格的確定，尚需考慮下列各因素。

1. 消費者心理的因素

產品除了經濟實用性外，尚有心理之因素摻雜在內，亦應一併加以評估。有些產品屬性，不是最便宜就好，因為有些消費者認為便宜必沒好貨。

2. 公司的訂價政策與訂價一貫性

此次訂價是否與公司過去的一貫政策有衝突？如果有，合理的解釋為何？是否要改變？改變了是否就更好？以及應如何改變才是最好的？

3. 訂價對於相關團體之影響

這些相關團體包括外部的政府主管機關、民間消費團體、通路團體以及公關媒體等，例如：國內水電費、計程車費、公車費、航空機票費、瓦斯費、有線電視費，以及民生基本消費品等，一旦漲價就會引起一陣議論。因此，訂價或調整價格的時候，應考慮到外部相關團體的態度、反應及影響性，以免引起不利的負面效應。

2 訂價方法（Pricing Methods）

就訂價之方法而言，大致可區分為以下幾種。

一　成本導向訂價法（Cost-Orientation Pricing Method）

成本加成方法（Cost-Plus）（平均加成率為五～七成）

所謂成本加成法，係指在成本之外，再以某個成數百分比為其利潤，此即成本加成法。例如：以某牌40吋液晶彩色電視機為例，若其成本為10,000元，給經銷店進價為15,000元；則其加成數五成（50%），其加成利潤額為5,000元。採用此法之理由為：

1. 簡單易行。
2. 對利潤率及利潤額之掌握較為清晰明確。

這個方法是到目前為止，被使用最廣泛與最普及的方式。目前一般行業平均加成比例為五～七成左右，此時的毛利率約為三～四成之間。但是，有些名牌精品、名牌汽車的加成率可能會達到50～200%，此時則會提升到50～70%的極高毛利率。

二　需求導向訂價法（Demand Orientation Pricing Method）

（一）市場競爭訂價方法（Competition Pricing）

此係指某一廠商所選擇之價格，主要依據競爭者產品價格而訂定。大部分廠商，還是會看整個市場競爭的狀況後，才會訂定一個價格。尤其，在「完全競爭市場」下，由於競爭者眾，產品差異化小，故不可能有太高訂價。

（二）追隨第一品牌訂價方法（Follow-the Leader Pricing）

此係指追隨市場第一品牌的價格而訂定。這是在第二、第三品牌無法超越第一品牌時，不得不採取的策略，也是經常看到的。此時，大家都避免陷入低價格戰。

（三）習慣或便利訂價方法（Customary or Convenient Pricing）

某些產品在相當長的一段時間內維持某一價格，或某一價格因為可使付款方便，使得零售廠商或顧客視為當然，此稱為習慣或便利訂價方法。例如：報紙10元、飲料20元、御便當80元等。

（四）威望（名牌）極高訂價法（Prestige Pricing）（名牌奢侈品）

係指廠商藉由將某一種產品訂定高價格，以增強消費者對此品牌及對整條產品線的高品質印象。因此威望極高訂價法，是具有明顯的品質特性及高價位特性。例如：歐美名牌精品及高級轎車等均屬之。

威望極高訂價法一定是非常知名的品牌，例如：LV、Hermès、Gucci等。

（五）促銷特價品訂價法（Promotion Pricing）

係指許多規模頗大的量販店，常會每天推出幾種特別低價之產品，出售一段時日，以廣為招徠顧客。由於其具有顧客的聚集作用，故稱為促銷特價品訂價法。採用此法時，應注意以下幾點：

1. 特價的產品，應是消費者經常使用的日常消費產品。
2. 特價品之價格，應真正降價，以取信於消費者。

大部分百貨公司經常舉辦「年中慶」、「週年慶」、「尾牙祭」、「購物祭」等，推出各種配合時節的促銷活動。

三　新產品適用的訂價法（New Product Pricing）

廠商如果有新產品上市或改良式產品新上市時，大致有兩種截然不同的訂價策略，茲說明如下。

（一）市場吸脂法（Market-Skimming Price）（高價策略）

1. 意義

所謂「市場吸脂法」係指公司以訂定高價位方式，迅速在短期內獲取最大的投資報酬，又稱「吸脂訂價」（Skim-the-Cream Pricing），此屬於高價之策略。例如，十幾年前，iPhone手機剛上市時，就是採取高價策略。（註：所謂吸脂，意指把乳牛所產出的乳脂，上面一層最厚的脂肪吸取下來，有最油、最肥之意，故又被視爲訂定高價之由來。）

2. 適用情況

(1)消費者願意支付高的價格去購買此產品。

(2)此產品之需求彈性低，且無替代性。

(3)高價能塑造高品質之形象。

(4)高價之基礎在於某個利基市場的市場區隔化，且不致引起太多競爭對手加入。

(5)適用於名牌小規模生產之產品。例如：某些限量生產的名牌手錶、名牌服飾、名牌手機。

(6)產品具有某獨特之性質或專利保障。

(7)屬於新技術之產品（新產品），具有創新價值。

(8)屬於產品生命週期第一階段的導入期，讓有錢人、有能力的人來購買，故可訂定高價。

3. 案例

例如：智慧型4G／5G行動手機、iPad電腦、液晶電視、單槍投影機、數位照相機等產品，十幾年前剛推出時，訂價都很高；但一段時間後競爭增加，就逐步調降價格，但還是有很多國外高級轎車、名牌服飾精品的價格仍一直居高不下。

（二）市場滲透訂價法（Penetration Price）（低價策略）

1. 意義

所謂「市場滲透法」係指公司以低價位方式，冀求搶占初期市場較大的市場占有率，以便掌握住品牌知名度與吸引更多客戶，故又稱為「滲透訂價法」，係屬於低價之策略。例如：中國小米手機剛上市時，就是採取低價策略，以搶攻市場。

2. 適用情況

(1) 消費者不願以高價購買此產品。例如：食品、飲料、香菸、速食麵、口香糖、報紙等。
(2) 消費者對價格的敏感度極高，低價位能廣受歡迎。
(3) 低價位由於利潤少，故能削弱其他競爭者加入之意願。
(4) 產銷量大時，每單位之成本可望逐漸調降。
(5) 廠商希望能爭取到更大的市占率，成為市場的領導品牌。
(6) 基於薄利多銷的概念，雖然單位利潤低，但銷量大，故仍能賺錢。

3. 案例

例如：《蘋果日報》第一個月上市價格每份5元，第二個月調為10元，而《中國時報》及《聯合報》則從15元調降至10元，以為因應。

四 實務上，產品成本、進貨折數與零售價關係

在企業實務上，內銷廠商的價格操作，茲列舉以下例子說明之。

〈例1〉

商周出版社現在出版一本書，它的製作成本是200元。假如商周出版社預計該書訂價是400元，而銷售公司的誠品連鎖店，向出版社要求按訂價的六成進貨，即400元×60% = 240元為進貨成本，而此時商周出版社每一本書只賺40元（即240元 – 200元 = 40元），毛利率為二成（即40元 ÷ 200元 = 20%）。故此處：

- 進貨折數：為六成
- 零售價：為400元
- 產品成本：為200元
- 出版社毛利：為40元（20%）
- 連鎖書店毛利：為160元（40%）

連鎖書店淨毛利：40% – 誠品卡打九折（10%）= 30%（即120元）

〈例2〉

某進口商進口某種健康食品，進貨成本為450元一瓶，預計在零售店的零售價為1,500元。此時，各通路的進貨折數及毛利額，如下：

(一) 進口商（總代理商）		(二) 此區經銷商		(三) 零售店進貨折數		(四) 零售價
進貨成本 450 元	←	售價六折進貨：900元	←	售價八折進貨 1,200 元	←	1,500 元
・每賣一瓶賺 900 – 450 = 450（元）		・每賣一瓶賺 1,200 – 900 = 300（元）		・每賣一瓶獲得毛利 1,500 – 1,200 = 300（元）		

〈說明〉從這裡可以看出，最終的零售價格1,500元，是當初進貨成本450元的3倍。所以，我們常說，出廠成本或進口成本到了最末端的零售價時，通常是3～6倍之間。有些比3倍更高，像化妝品、保養品、精品、保健食品，有可能是5～8倍之高。

〈例3〉

某國內廠商製造化妝保養品（例如：資生堂），一瓶乳液的製造成本是200元，預計在百貨公司的零售價為1,200元。此時：

(一) 資生堂公司		(二) 百貨公司進貨折數		(三) 零售價格
製造成本200元	←	六折進貨專櫃	←	1,200元
‧每賣一瓶賺 720－200＝520（元）		‧每賣一瓶，百貨公司賺480元 （1,200－720＝480元）		

自我評量題目

1. 訂價程序之六步驟為何？試說明之。
2. 訂價應考慮哪些因素？
3. 試說明訂價之方法有哪些？
4. 價格常隨時間與空間而有所變化，常見的價格調整策略有哪五種？試說明之。
5. 差別訂價之類型有哪些？又其應具備之條件為何？試分別說明之。
6. 新產品之訂價可採取：(1)市場吸脂法；(2)市場滲透法，試分別說明其意義及適用情況。
7. 廠商應付競爭對手減價之可行對策有哪些？試詳述之。
8. 廠商在採取對策反擊競爭對手之降價策略時，應考慮哪些因素，才能有效做出對策？
9. 何謂威望訂價法？
10. 試就價格競爭與非價格競爭之意義、優缺點，分別說明之。
11. 試深入從三個面向分析訂價的重要性何在。
12. 當公司虧損時，是哪些因素造成的？又有何因應對策？

第四篇

行銷4P組合（二）

第七章

通路策略

1 行銷通路的存在價值、功能與種類

一 行銷通路的存在價值（為何需要中間商？）

製造廠商需要行銷通路商的主要原因，茲說明如下。

（一）缺乏財力、人力及經驗

大部分的廠商都缺乏巨大的財力與人力、經驗，無法直接從事全國性及跨縣市銷售據點之闢建。

（二）為達大量配銷之經濟效益

廠商如果是全國性或全球性的產銷企業，在面對數千、數萬個銷售據點之需求時，必然需藉助中間商協助大量配銷，若僅靠自己，則在經濟效益上實屬不划算。例如：像中國及美國幅員廣大，不可能完全靠自己的直營通路，必然在某些地區必須藉助通路商的協助。如果不藉助地區性批發商、經銷商或代理商，則產品的銷售推廣速度會變得很慢。

（三）資金運用報酬率之比較

即使廠商有能力在全國建立銷售網路，也應衡量資金用在別處投資，其報酬率是否會較高。

（四）便利服務客戶

藉助中間商之專業能力，可讓廠商產品很快的出現在全國各縣市消費者及客戶面前，便利服務客戶，而此點是製造廠商自己不易做到的。

（五）產銷分離

產銷一致只有大企業做得到，對大部分廠商而言，產銷分離與產銷分工是常態。亦即，工廠專精於製造生產，而通路商則擔負各縣市行銷上架業務之工作。

二 通路階層的種類（Channel Level）

通路階層的種類，可包括以下幾種，茲說明如下。

（一）零階通路

又稱直接行銷通路，例如：安麗、克緹等直銷公司，或是電視購物、型錄購物、網路購物等均是。

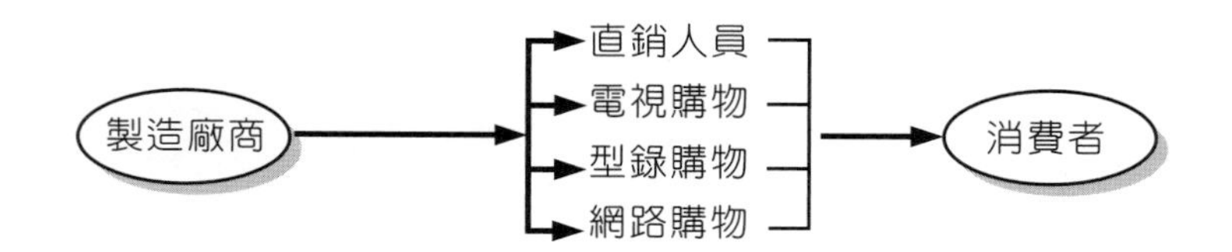

（二）一階通路

例如：統一速食麵、鮮奶直接出貨到統一超商店面去銷售。

（三）二階通路

例如：金蘭醬油、多芬洗髮精等經過各地區經銷商，然後送到各縣市零售據點去銷售。

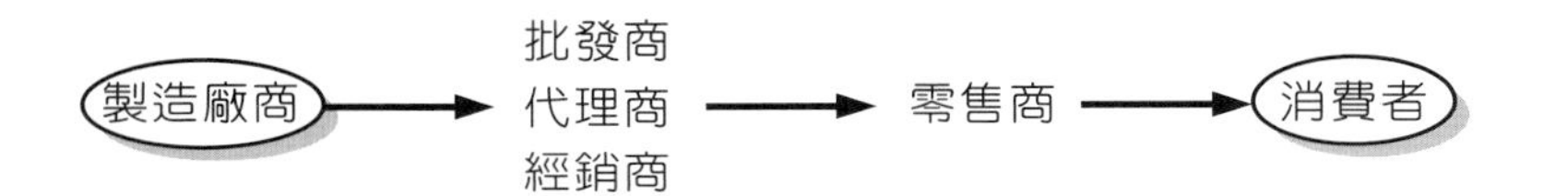

（四）三階通路

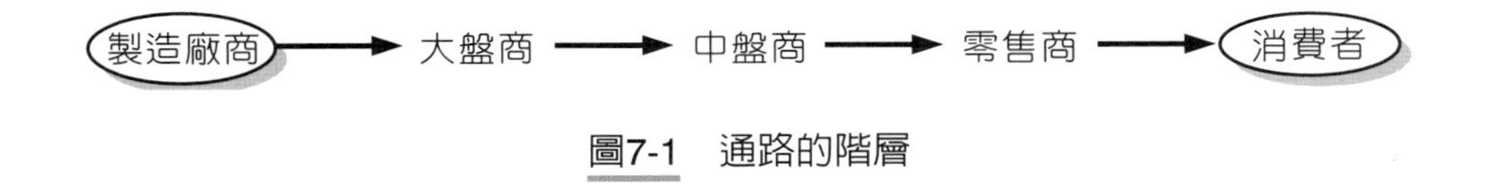

圖7-1　通路的階層

（五）行銷通路各階層彙整圖示

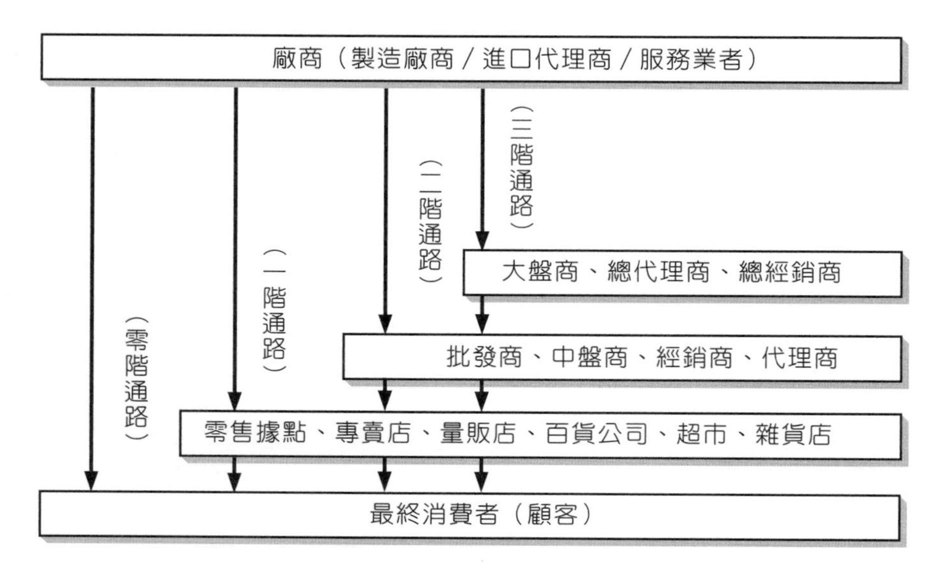

圖7-2　通路戰略——行銷通路的四種階層狀況

2 零售通路概述

一　零售通路的類型

目前零售實體通路主要的八大型態

如圖7-3所示，目前國內較具代表性與大型的實體零售連鎖公司，大致以這些公司及業態為主，包括：

1. 百貨公司：新光三越、遠東百貨、SOGO及微風，居前四大。
2. 便利商店：統一7-Eleven、全家、萊爾富及OK，居前四大。
3. 量販店：家樂福、大潤發、愛買及COSTCO，居前四大。
4. 超市：全聯福利中心及美廉社居前二大。
5. 資訊3C賣場：燦坤3C、全國電子、順發3C及大同3C，居前四大。
6. 大型購物中心：台北101、微風、新竹遠東巨城、桃園大江及台茂等。
7. 藥妝連鎖店：屈臣氏、康是美、寶雅及大樹藥局，居前四大。
8. Outlet：林口三井Outlet、桃園華泰名品城為前二大。

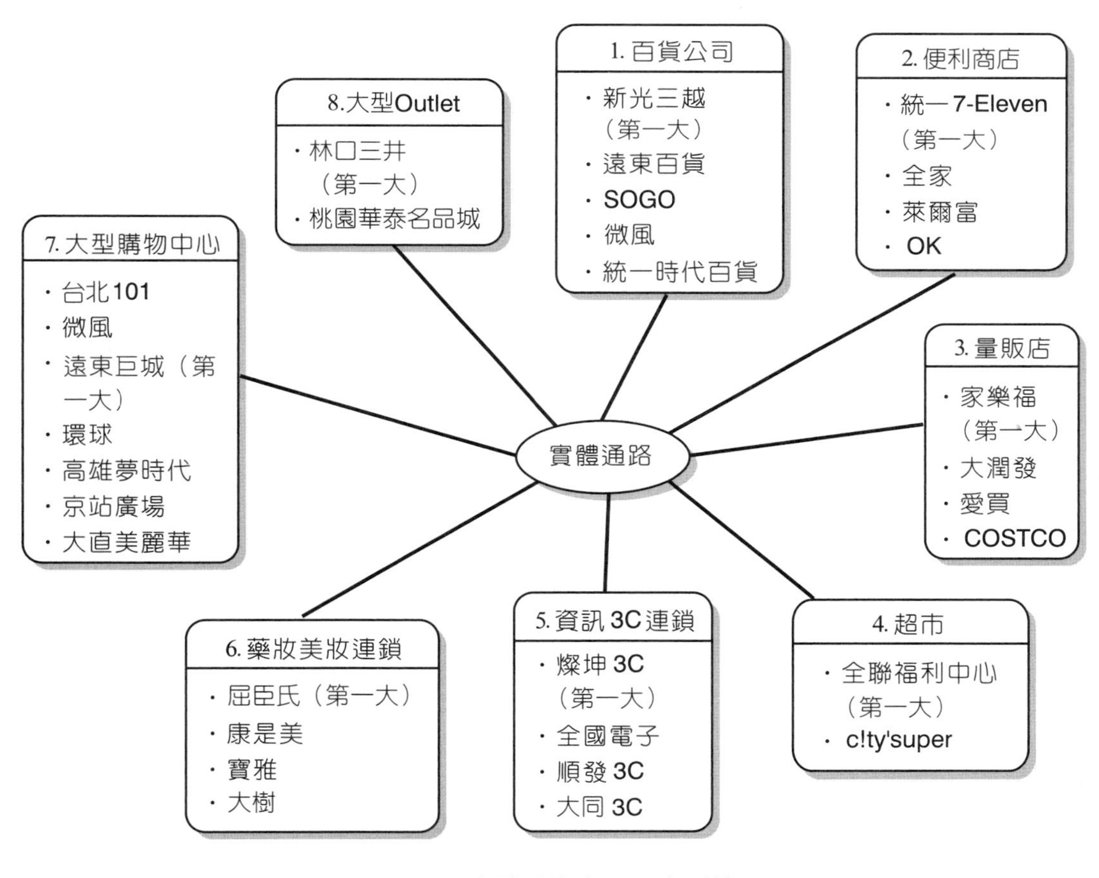

圖7-3　實體通路主要八大型態

二　便利商店

便利商店已成為國內重要的零售通路，全國大約有1.1萬家左右，已成飲料、食品、菸酒、麵包、便當、生鮮食品、咖啡、冰品，及服務性代收、網購店取等最有力的銷售通路。

意義（特色）

便利商店（Convenience Store，簡稱CVS）係指營業面積在20～50坪之間、商品項目在500種以上、單店投資在300萬元之內的商店。

便利商店之特色，茲說明如下。

1. 時間上的便利

24小時營業，全年無休。

2. 距離上的便利

徒步購買時間不超過3～8分鐘。

3. 商品上的便利

所提供之商品，均係日常生活必需常用之物品。

4. 服務上的便利

人潮不群聚，不必久候購物或付款。

表7-1　國內四大超商連鎖店店數

2022年國內便利商店	
超商名稱	總店數
1. 統一超商	6,600
2. 全家便利商店	4,000
3. 萊爾富便利商店	1,300
4. OK便利商店	900

三 量販店（General Merchandise Store，簡稱GMS）

量販店也是國內主力的零售通路之一，連鎖店數目日益擴張，與便利商店、百貨公司及超市同為國內四大零售通路。

（一）意義

係指大量進貨、大量銷售，並因為進貨量大，可以取得比較優惠的進貨價格，而得以平價或低價供應消費者，藉以吸引顧客上門的零售店。

（二）舉例

主要以家樂福、大潤發、愛買、COSTCO（好市多）等大型量販店為代表。另外，家電3C量販店部分，全係以專賣3C家電產品之中型量販店，例如：燦坤、全國電子、順發3C等為主力。

此外，量販店也有擴大場地規模的傾向，例如：家樂福在新店與大直的分店，以及愛買在大直的分店等，都結合一般商店街及美食街，而成為一個大型的購物中心。

（三）特色與優點

1. 價格較一般零售店、超市更便宜（亦即大眾化價格，尋求薄利多銷）。
2. 賣場規模化及現代化。
3. 商品豐富化及多元化。
4. 進貨量大（所以成本低），銷售量也大。
5. 採取開架自助選購方式。
6. 具有一站購足的優點，對消費者很便利。

（四）缺點（或影響）

1. 消費者開車赴較遠地區去購物。
2. 對單品銷售的傳統批發商或傳統零售店可能形成衝擊。

（五）未來發展

可能會朝購物再結合娛樂、餐飲、一般店面等綜合型的方向發展，擴大為Shopping Mall（大型購物中心），使購物是一件滿足與快樂之事。

四　超市（Super Market，簡稱SM）

（一）意義

與前述量販店相比，超市每一家店的坪數規模比量販店小，商品項目也少些，價格則差不多。超市的專長是在生鮮食品，以及位在都會區的社區內，故其店數比量販店多，便利性比較高些。

（二）舉例

根據目前國內超市型態及定位，顯示多元化的發展，主要具有代表性的有：

1. 全聯福利中心，目前全國店數有1,100多家，目標1,500家。全聯是目前國內最大的超市連鎖賣場，主要以賣乾貨、日用品為主力，近年來也開始涉入生鮮食品的供應。全聯是目前所有零售業態中，價格真正最便宜的，故能受到歡迎，快速崛起，知名度大升，成為一匹零售黑馬，早已超越家樂福量販店。
2. 另外高價定位的頂級超市，例如：c!ty'super及微風超市等二家；這二家超市裡的商品，有80%均來自歐洲、美國、日本、紐澳等國家，其目標市場是鎖定在臺北市的高所得家庭為主，商品價格比全聯、頂好等均高出甚多。

超市業近年來也朝社區小型店方向加速拓點，以求突圍，否則會被兩者所夾殺。

五 百貨公司（Department Store，簡稱DS）

（一）意義

1. 百貨公司的業態與量販店及超市比較不一樣，百貨公司是由各種國內外品牌專櫃所組合而成；銷售的主力商品是美容化妝品、保養品、珠寶、名牌精品、服飾品、仕女鞋品、男裝品、少淑女品、內衣品、休閒服等，以非吃的商品為主。
2. 就裝潢設施來說，百貨公司也比較高檔及豪華。

（二）舉例

目前國內四大百貨公司，一是新光三越百貨，全國19個分館，年營業額為800億元；二是遠東SOGO百貨公司，全國有10家分館，年營業額為450億元；三是遠東百貨公司，全國有11家分館，年營業額為450億元。遠東SOGO百貨與遠東百貨均屬於遠東企業集團所有。第四大為微風百貨，有六個分館。

六 美妝、藥妝連鎖店（Drugstore）

（一）意義

美妝及藥妝連鎖近年來也快速崛起，主要以販售彩妝、美容、保養、藥品、健康食品、流行配件、流行用品、視光用品及其他相關女性日用品、生理用品等為主力產品源。

由於女性消費力大增，以及女性比男性的購買需求更大，因此美妝、藥妝店的零售業態也有成長之態勢。尤其，開架式化妝保養品搶走不少百貨公司專櫃的生意，更提升其地位。

（二）舉例

目前前三大美妝、藥妝連鎖店，一是屈臣氏，計有550店；二是康是美，計有400店；三是寶雅，有250店。這幾年來，發跡於中南部的寶雅，有快速崛起趨勢。此外，大樹藥局也成為國內第一大的藥局連鎖店。

七　無店鋪販賣（虛擬通路販賣）

（一）無店鋪販賣類型

1. 展示販賣（Display Selling）

此係指在沒有特定銷售場所下，臨時租用或免費在百貨公司、大飯店、辦公大樓、騎樓或社區等地方展示其商品，並進行銷售活動。目前像汽車、語言教材、家電、健康食品、服飾等業別，均有採用此方式販賣。

2. 型錄販賣

郵購（Mail-Order）：係指利用型錄、DM、傳單等媒介，主動將產品及服務訊息傳達給消費者，以激起消費者購買慾。國內目前主要有DHC型錄、東森型錄、momo型錄等。

3. 訪問販賣（Interview Selling）

訪問販賣亦可稱為「直銷」（Direct Sales），係透過人員拜訪、解釋與推銷，以完成交易。訪問販賣之進行，係透過產品目錄、樣品或產品實體等向客戶促銷。目前如國泰人壽保險公司業務推廣、安麗、雅芳直銷方式等均屬之。

4. 電話行銷（Tele-Marketing）（又稱T/M行銷）

此係指利用電話來進行客戶之服務或產品銷售之任務，又可區分為兩種：

(1)接聽服務（Inbound）：透過電話接受客戶之訂貨、查詢與抱怨。

(2)外打電話（Outbound）：透過電話向目標客戶群解說產品性質，並做銷售推廣活動。

例如：目前各大人壽公司即有專職的電話行銷人員，藉由電話行銷，以初步發現潛在之客戶，然後再由業務人員出面拜訪洽談。

5. 自動化販賣機（Auto-Machine Selling）

此係指透過自動化販賣機來銷售產品，目前這種趨勢在日本及美國有日益明顯現象。例如：飲料、報紙、衛生紙、花束、生理用品、麵包、點心等包羅萬象；在日本尤為普遍。

6. 電視購物（TV-Shopping）

藉著電視螢幕而下達採購電話指令，以完成銷售及付款作業，又被稱為有線電視（Cable TV，簡稱CATV）購物。目前國內已有三家電視購物公司，包括momo、viva、東森購物等三家公司，係採取現場（Live）節目直播。電視購物已在臺灣快速崛起，形成新的零售通路創新典範。

7. 網站購物（Internet Shopping）

網站購物是透過PC及手機連線點選商品，B2C網站購物亦已日漸普及。目前國內比較大的網購公司，以Yahoo奇摩、PChome網路家庭、博客來網路書店、蝦皮購物、樂天網路商城、富邦momo購物網、易遊網、雄獅旅遊、燦星網等公司為主力。網路購物一年的產值已超過4,000億元，主要以銷售旅遊、美容保養、書籍、音樂、資訊3C等產品為主。富邦momo為全臺第一大B2C購物網，年營收達800億之多，已快超越新光三越百貨。

（二）目前虛擬通路的五大型態

在虛擬零售通路部分，目前也有異軍突起之勢，目前的主力公司，如圖7-4所示。

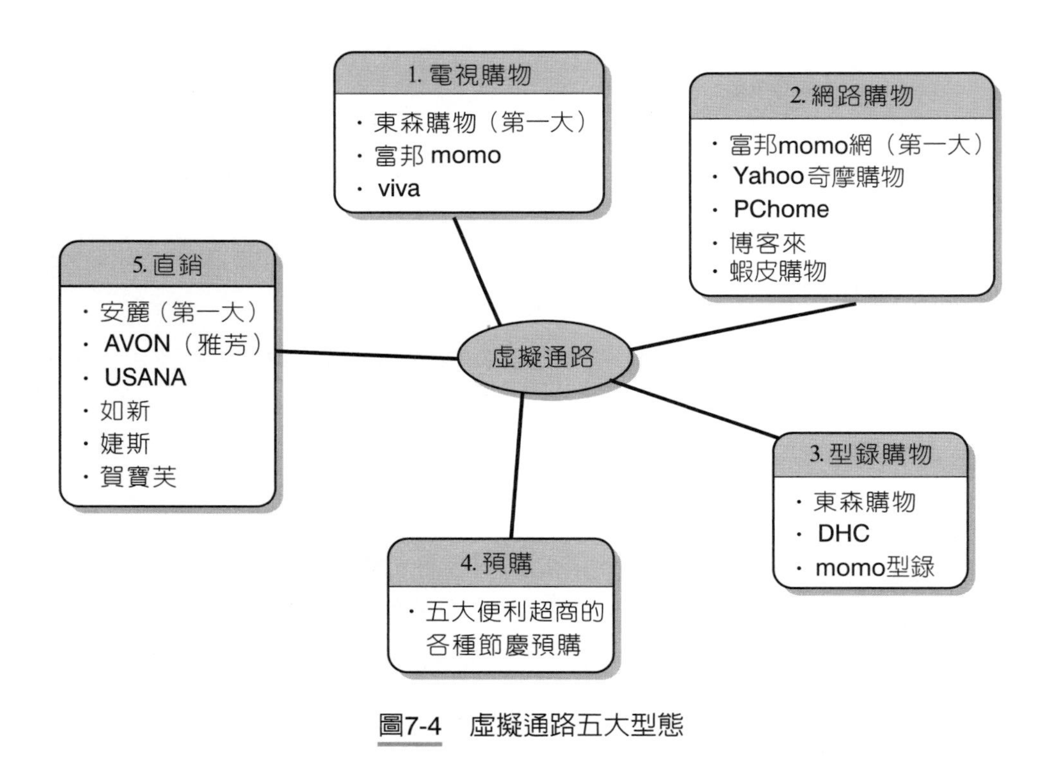

圖7-4 虛擬通路五大型態

1. 電視購物：東森、富邦momo、viva等三家為主。
2. 網路購物：以momo網購、PChome網路家庭、Yahoo的購物中心、蝦皮購物及博客來為前五大。
3. 型錄購物：以東森、DHC等二家為主力。
4. 預購：各大便利商店均有預購業務。

5. 直銷購物：以安麗、雅芳、如新、USANA等為主力。

八 連鎖系統二類型

（一）直營連鎖（Corporate Chain或Regular Chain）

1. 特色

所有權歸公司，由總公司負責採購、營業、人事管理與廣告促銷活動，並承擔各店之盈虧。

2. 優點

(1) 由於所有權統一，因此控制力強、執行配合力較佳。
(2) 具有統一的形象。

3. 缺點

(1) 連鎖系統之擴張速度會較慢，因需資金龐大，且要展店。
(2) 資金需求較為龐大，負擔沉重。
(3) 風險增高。
(4) 人力資源與管理會出現問題，尤其當店面數高達數千家時，全省人力的到任、離職、晉升等管理事宜將非常複雜，不是總部容易管理的。

4. 舉例

中華電信、台哥大、遠傳電信、誠品書店、麥當勞、星巴克、康是美、肯德基、新光三越百貨、三商巧福、全國電子、小林眼鏡、科見美語、信義房屋等。

（二）授權加盟連鎖（Franchise Chain，簡稱FC）

1. 意義

係指授權者（Franchisor）擁有一套完整的經營管理制度，以及經過市場考驗的產品或服務，並有一具知名度之品牌；加盟者（Franchisee）則需支付加盟金（Franchise Fee）或權利金（Loyalty），以及營業保證金，而與授權者簽訂合作契約，全盤接受它的軟體、硬體之Know-how，以及品牌使用權。如此，可使加盟者在短期內獲得營運獲利。

2. 舉例

統一超商、萊爾富、全家、永慶房屋、住商房屋、吉的堡、何嘉仁美語等。

3. 優點

(1)在授權加盟契約裡，授權者對於經營與管理之作業仍有某種程度之控制權，不能允許加盟者為所欲為。
(2)藉助外部加盟者的資金資源，可有效的加速擴張連鎖系統規模。
(3)投資風險可以分散。
(4)不必煩惱各店人力資源召募及管理問題。

（三）授權加盟經營Know-How內容

有關授權加盟店整套經營Know-How之移轉項目，包括如下：

1. 區域的分配（配當）。
2. 地點的選擇評估。
3. 人員的訓練。
4. 店面設計與裝潢。
5. 統一化的廣告促銷。
6. 商品結構規劃。
7. 商品陳列安排。

8. 作業程序指導。
9. 供貨儲運配合。
10. 統一化的標價。
11. 硬體機器的採購。
12. 經營管理的指導。

（四）連鎖店系統之優勢

各型各樣的連鎖店系統在最近幾年來，如雨後春筍般成立，形成行銷通路上一大革命趨勢，到底連鎖店系統有何優勢，茲概述如下：

1. 具規模經濟效益（Economy Scale）

連鎖店家數不斷擴張的結果，將對以下項目具有規模經濟效益：

(1) 採購成本下降，因為採購量大，議價能力增強。

(2) 廣告促銷成本分攤下降，因為以同樣的廣告預算支出，連鎖店家數愈多，每家所負擔的分攤成本將下降。

2. Know-How（經營與管理技能）養成

連鎖店愈開愈多，每一家店在經營過程中，必然會碰到困難與問題，如果將這些一一克服，必可以累積可觀的經營與管理技能，再將之標準化之後，廣泛運用於所開店面，如此，連鎖系統的成功營運就更有把握了。

3. 分散風險

連鎖店成立數十、數百家之後，將不會因為少數幾家店面無法賺錢，而導致整個事業的失敗，具有分散風險之功能。

4. 建立堅強形象

連鎖店面愈開愈多，與消費者的生活及消費也日益密切，藉著強大連鎖力量，可以建立有利與堅強的形象，如此也有助於營運之發展。

九 國內行銷通路最新的八大趨勢

目前，國內供貨廠商也好，或是現有的零售商也好，都有了顯著性的最新發展趨勢，如圖7-5所示八項：

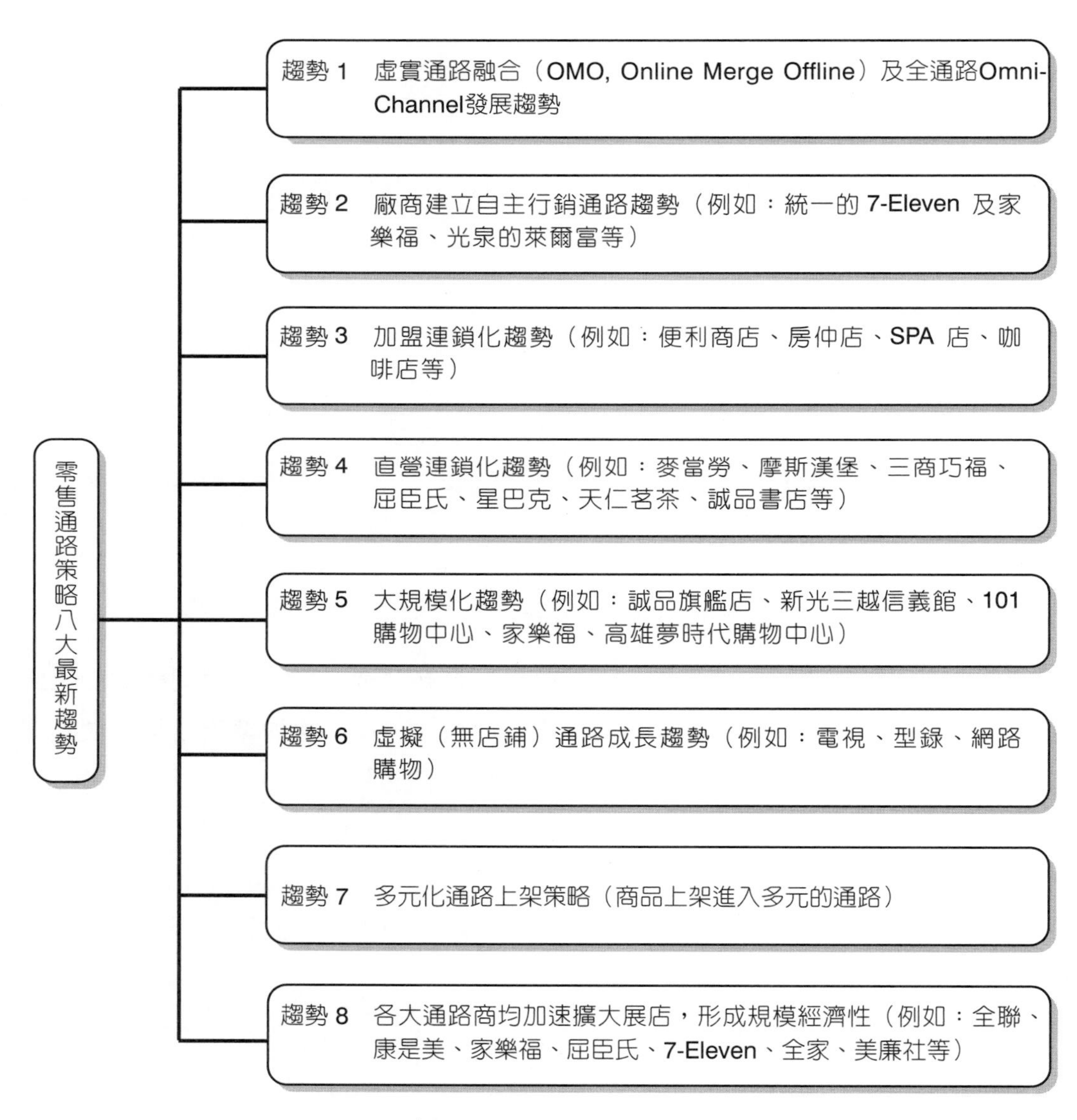

圖7-5 零售通路策略八大最新趨勢

3 國內通路商自有品牌發展現況與前景

一 意義

零售通路商自有品牌，其意係指由零售通路商自己開發設計，然後委外代工（OEM），或是研發設計與委外代工全部交給外部工廠或設計公司執行的過程，然後掛上自己的品牌名稱，此即通路商自有品牌的意思。

此處的通路商，主要指大型零售通路商為主，包括：便利商店（7-Eleven、全家）、超市（全聯）、量販店（家樂福、大潤發、愛買）、美妝藥妝店（屈臣氏、康是美）；此外，也包括百貨公司自行引進的代理產品（新光三越百貨、遠百、遠東SOGO百貨等）。

二 通路商品牌與製造商品牌之區別

(一)早期的品牌，大致上都以製造商品牌（或稱全國性品牌）為主，英文稱為「Manufacturer Brand」或「National Brand」（MB或NB）。包括像統一企業、味全、金車、可口可樂、P&G、聯合利華、花王、味丹、維力、雀巢、桂格、TOYOTA、東元、大同、歌林、松下、SONY、Nokia、裕隆、MOTO、龍鳳、大成長城、舒潔、好來牙膏等，均屬於全國性或製造商公司品牌，他們都是擁有自己在臺灣或海外的工廠，然後自己生產並且命名產品品牌。

(二)最近，通路商自有品牌出現了，其英文名稱可稱為「Retail Brand」（零售商品牌）或「Private Brand」（自有、私有品牌）等，係指零售商也開始想要有自己的品牌與產品了。因此，委託外部的設計公司與製造工廠，然後掛上自己零售商所訂出來的品牌名稱，放在貨架上出售，此即通路商自有品牌。目前，包括統一超商、全家便利商店、家樂福、大潤發、愛買、屈臣氏、康是美等，均已推出自有品牌。

三 通路商自有品牌的利益點或崛起原因

為什麼零售通路商要大舉發展自有品牌放在貨架上，與全國性品牌相互競爭呢？這主要有以下幾項利益點。

（一）自有品牌產品的毛利率比較高

通常高出全國性製造商品牌的獲利率；換言之，如果同樣賣出一瓶洗髮精，家樂福自有品牌的獲利，則會比P&G公司的潘婷洗髮精製造商品牌之獲利更高一些。

（二）微利時代來臨

由於國內近幾年來國民所得增加緩慢，貧富兩極化日益明顯，M型高低兩端所得社會來臨，物價有些上漲，廠商加入競爭者多，每個行業都是供過於求；再加上少子化及老年化，以及約有100萬人口的中產階級到中國去工作，使得臺灣內需市場並無成長的空間及條件。總結來說，就是微利時代來臨了。面對微利時代，大型零售商自然不能坐以待斃，因此，便尋求自行發展具有較高毛利率的自有品牌產品。

（三）發展差異化策略導向

以便利商店而言，小小的30～50坪空間，能上貨架的產品並不多，因此，不能太過於同質化，否則會失去競爭力及比價空間。因此，便利商店也就紛紛發展自有品牌產品。例如：統一超商有關東煮、各式各樣的鮮食便當、open小將產品、7-Eleven茶飲料、嚴選素材咖啡、CITY CAFE現煮咖啡等上百種產品。

（四）滿足消費者的低價或平價需求

最後一個原因，在通膨、薪資所得停滯及M型社會形成下，有愈來愈多的中低所得者，愈來愈需求低價品或平價品。所以，到了各種賣場週年慶、年中慶、尾牙祭，以及各種促銷折扣活動時，就可以看到很多消費人潮湧入，包括百貨公司、大型購物中心、量販店、超市、美妝店，或各種速食、餐飲、服飾等連鎖店，均有如此現象。

四 日本通路商發展自有品牌概況

日本零售流通業發展自有品牌的歷史比臺灣要早一些。目前日本7-Eleven公司的自有品牌營收占比已達到近40%，遠比臺灣統一超商的10%還要高出很多，顯示臺灣未來成長空間仍很大。

另外，日本大型購物中心永旺（AEON）零售集團旗下的超市及量販店，在最近幾年也紛紛加速推展自有品牌計畫，從食品、飲料到日用品，超過了3,000多個品項，目前占比雖僅10%，但未來上看到30%。

日本零售流通業普遍認為PB自有品牌的加速發展，對OEM代工工廠而言，很明顯帶來的好處之一，就是它可以有效的帶動代工廠成本競爭力之提升，各廠之間也有了切磋琢磨的好機會與代工競爭壓力。

五　零售通路PB時代來臨

（一）PB時代環境日益成熟（Private Brand, PB）

從日本與臺灣近期的發展來看，我們似乎可以總結出臺灣零售通路PB（自有品牌）時代確實已經來臨。而此種現象，正是外部行銷大環境加速所造成的結果，包括M型社會、M型消費、消費兩極化、新貧族增加、貧富差距拉大、薪資所得停滯不前、臺灣內需市場規模偏小不夠大，以及跨業界限模糊、跨業相互競爭的態勢出現與微利時代來臨等，均造成PB環境的日益成熟。

而消費者要的是「便宜」、「平價」，而且「品質又不能太差」的好產品，此乃「平價奢華風」之涵義。

（二）全國性廠商也面臨PB的相互競爭壓力

PB環境愈成熟，全國性廠商的既有品牌也就跟著面臨很大的競爭壓力。全國性廠商的品牌市占率，必然會被零售通路商分食一部分。

六　全國性廠商的因應對策

而到底會分食多少比例呢？這要看未來的各種條件狀況而定，包括：不同的產業、行業，不同的公司競爭力，以及不同的產品類別等三個主要因素而定。但一般來說，PB所侵蝕到的有可能是末段班的公司或品牌，前三大績優全國性廠商品牌所受影響，理論上應不會太大。因此，廠商一定要努力：㈠提升產品的附加價值，以價值取勝；㈡提升成本競爭力，以低成本為優勢點；㈢強化品牌行銷傳播作為，打造出令人可信賴且忠誠的品牌知名度與品牌喜愛度。此外，㈣中小型的廠商可能必須轉型為替大型零售商OEM代工工廠的型態，而賺取更為微薄與辛苦的代工利潤，而行銷利潤將與他們絕緣。

4 經銷商專題

一　理想經銷商的條件

㈠產品線的適合。
㈡經營者的信譽（信用）。
㈢地區包括性。
㈣業務能力。
㈤財務能力。
㈥售後服務能力。
㈦負責人與總公司老闆的契合度。

二　安排各種活動，讓經銷商對製造商有信心

（一）邀請經銷商們參訪他們在海外的總公司及工廠

例如：三星及LG手機在韓國、SONY在日本等，而且是全程免費招待，包括機票、飯店、吃飯、參觀及附加的旅遊觀賞活動等。由於國外總公司、工廠規模及研發中心都頗具規模，因此都令這些經銷商們大開眼界。

（二）訂定更具激勵性的各種獎勵措施與計畫

包括各種競賽獎金、折價計算、海外旅遊等誘因。

（三）舉辦全國經銷商大會

兼具教育型、知識型、工作型、團結型及娛樂型等多元型態，以凝聚經銷商們的向心力及戰鬥力。當然，有時候經銷商大會舉行的地點，並不一定在大都市區內，也會移到風景優美的旅遊地點，以提高不同的感覺。

三　廠商對經銷商誘因承諾及爭取

㈠全產品線經銷承諾。
㈡快速送貨承諾。
㈢優先供貨承諾。
㈣不包底、不訂目標達成額度承諾。
㈤價格不上漲承諾。
㈥廣告補貼承諾。
㈦店招補貼承諾。
㈧促銷活動補貼承諾。
㈨付款及票期條件放寬承諾。
㈩協同銷售支援。
⑾加強培訓支援。
⑿展示支援。
⒀庫存退換方案承諾。
⒁其他特別承諾。

四　激勵經銷商通路成員

㈠給予獨家代理、獨家經銷權。
㈡給予更長年限的長期合約（Long-Term Contract）。
㈢給予某期間價格折扣（限期特價）的優惠促銷。

㈣給予全國性廣告播出的品牌知名度支援。

㈤給予店招（店頭壓克力大型招牌）的免費製作安裝。

㈥給予競賽活動的各種獲獎優惠。

㈦給予季節性出清產品的價格優惠。

㈧給予協助店頭現代化的改裝。

㈨給予庫存利息的補貼。

㈩給予更高比例的佣金或獎金比例。

⑪給予支援銷售工具與文書作業。

⑫給予必要的各種教育訓練支援。

5 直營門市店通路

一 廠商直營門市店已成為趨勢

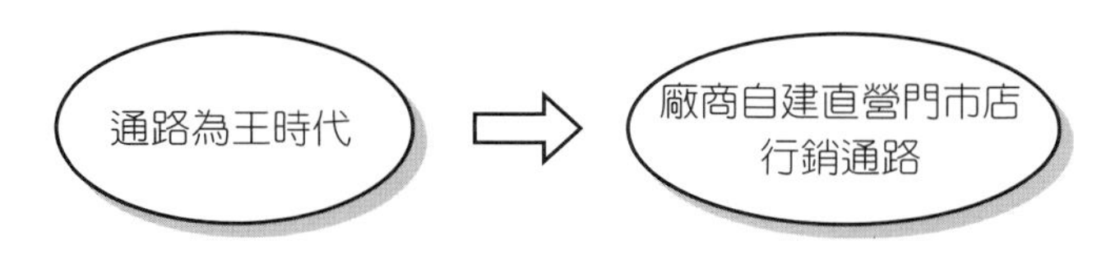

例如：直營門市店，茲略微列舉如下。

㈠電信業

1.中華電信。

2.台哥大。

3.遠傳。

4.亞太電信。

㈡內衣業

1.黛安芬。

2.華歌爾。

3.奧黛莉。

㈢服飾

1.UNIQLO（優衣庫）。

2.ZARA。

3.H&M。

4.NET。

5.GU。

6.SO NICE。

7.MOMA。

8.iROO。

㈣資訊3C

1.Studio A（Apple）。

2.SONY。

3.三星。

㈤餐飲

1.摩斯。

2.鼎泰豐。

3.王品。

4.西堤。

5.陶板屋。

6.石二鍋。

7.爭鮮壽司。

8.COLD STONE。

9.麥當勞。

10.鼎王麻辣鍋。

11.瓦城。

二 廠商直營門市店的好處

(一)掌握通路就是掌握業績。

(二)不必受制於別人(通路商)。

(三)可兼做形象廣告。

(四)可兼做售後服務。

(五)可兼做體驗行銷。

三 建立直營門市店通路四大要點

(一)開店資金準備要充足。

(二)門市店人員管理要上軌道。

(三)門市店行銷要支援。

(四)門市店資訊系統要支援。

自我評量題目

1. 廠商為何需要中間商(通路)?試說明之。
2. 行銷通路可以提供哪些功能?請說明之。
3. 試說明通路階層的種類有哪四種?
4. 連鎖店系統日益普及盛行,其優勢有哪些?試說明之。
5. 無店鋪販賣之類型有哪些?試說明之。
6. 何謂批發商?試就其意義、功能及特質做說明。
7. 何謂零售商?試就其意義及功能做說明。
8. 廠商應如何激勵經銷商通路成員?

9. 何謂PB產品？
10. 國內大型Outlet有哪二家？
11. 國內最大超市為哪一家？
12. 便利商店之特色為何？
13. 國內有哪四家量販店？
14. 國內有哪四大百貨公司？
15. 國內第一大網購公司為何？
16. 國內行銷通路七大趨勢為何？
17. 零售商自有品牌崛起之四大原因為何？

第八章

促銷、廣告與整合行銷傳播策略

1 推廣組合概述

一 推廣組合（Promotion Mix）

（一）意義

推廣組合也稱為傳播溝通組合（Communication Mix），係指公司在進行說服性溝通時，可採用許多手段，例如：廣告活動、促銷、新聞報導、人員銷售、公關活動、室內展示、贈品、免費樣品等，這些手段稱為推廣工具。而推廣組合的目的就在於如何的「配置」其「推廣組合」，使之達成最大推廣力量之策略。

（二）內容

推廣組合包括以下四項內容：

1. 廣告（Advertising）：係指由身分明確之廠商，為推銷某觀念、商品或服務，因而所提之任何型態的支付代價之非人身表達方式，均稱為廣告。廣告形式包括電視廣告、報紙廣告、雜誌廣告、網路廣告、戶外廣告、廣播廣告等六大類為主。
2. 銷售促進（Sales Promotion）（促銷）：係指一切刺激消費者購買或經銷商交易的行銷活動，例如：贈獎、折扣、抽獎、展示會、買一送一、全面五折、滿萬送千等。
3. 人員銷售（Sales Forces）：為銷售產品，與一位或數位可能顧客，所進行交涉中的一切口頭陳述（Oral Presentation），均屬人員銷售。
4. 公共報導（Publicity）：經由製作有關產品、服務、企業機構形象等宣傳性新聞，而透過大眾平面傳播媒體及網路媒體、電視媒體所報導者，均為公共報導。

二 推廣組合之決策問題（The Decisions of Promotion Mix）

廠商針對推廣組合作業時，應會面臨兩項決策問題，茲說明如下。

（一）到底整個推廣組合要投入多大的努力與預算？

企業可用的行銷資源與預算通常是有限的，因此，要花多少比例的資源在推廣組合上，就值得深入探討、比較、評估，然後做出決策。

（二）對於個別的推廣工具，應該配置多少預算？

每一項推廣工具在不同的時空與條件下，有其不同的效果；而各項工具其衝擊力程度，也會有所差別。因此，針對這四種推廣工具，各應配置多少資源與預算，也必須加以審慎評估。不同的行業、不同的產品線、不同的品牌，在不同的國家以及不同發展階段下，均會有不同的推廣工具做預算配置。

三 推進策略與拉回策略（Push & Pull Strategy）

在推廣策略中，有一種屬於推進策略，有一種則相反，屬於拉回策略。

（一）推進（Push）策略

係指廠商積極以各種方式激勵與獎勵辦法，要求經銷商或代理商盡快銷售本公司產品給顧客，此乃向前推進之策略，如下圖所示。例如：某汽車公司制定經銷商冬季銷售業績獎勵與競賽辦法，即是對全國各縣市汽車經銷商業績的推進（Push）策略。

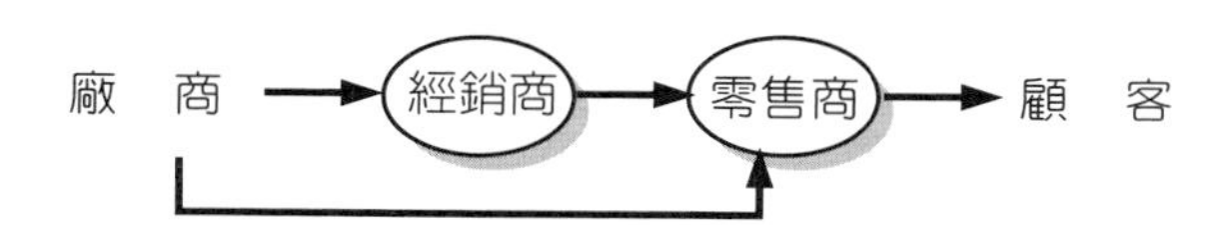

（二）拉回（Pull）策略

係指廠商積極採取各種促銷手段，意圖引發顧客之興趣與偏好，而購買本公司產品；此乃向客戶拉進之策略，如下圖所示。例如：燦坤舉辦會員招待會促銷活動、全國電子舉辦破盤四日促銷活動、新光三越百貨舉辦週年慶促銷活動等，均在拉回顧客進來購買。

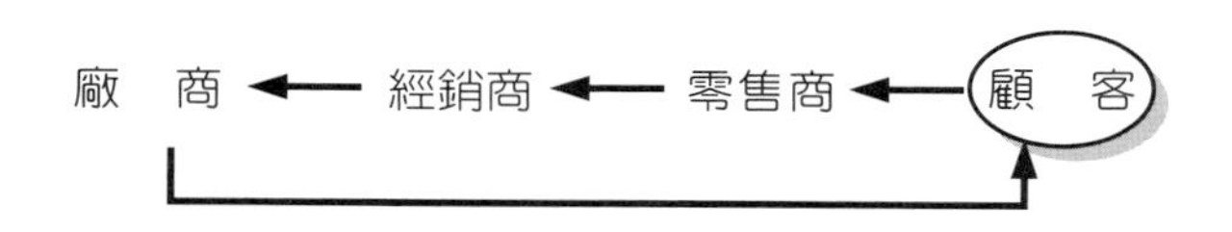

兩種策略比較：

	程序	對象	使用方法
(一)推進策略	逐步向前	中間商 （行銷通路成員）	1. 人員推銷 2. 進貨獎金 3. 銷售獎金 4. 廣告支持
(二)拉回策略	迂　迴	最終顧客	1. 宣傳廣告 2. 促銷活動 3. 媒體公共報導

2 廣告概述

一 廣告的基本認識

（一）廣告定義

廣告就是一個組織和它的產品透過大量傳播媒體，例如：電視、廣播、報紙、雜誌、網路、手機、郵寄、戶外看板或大眾運輸工具，來傳送訊息給目標觀眾或聽眾。

（二）廣告種類

1. 產品廣告。
2. 企業形象廣告。
3. 促銷廣告。
4. 選舉廣告。
5. 公益廣告。
6. 政府廣告。
7. 購物廣告。

（三）廣告功能（作用）

1. 具資訊（訊息）傳達功能。
2. 具說服與提醒功能。

3. 具品牌力打造功能。
4. 具業績拉升功能。

（四）廣告代理商定義

根據美國廣告代理商協會（American Association of Advertising Agencies）之定義：廣告代理商是一群有創意及經營者所組成的公司，為了廣告主利益而發展廣告企劃及行銷工具，並委外製作出最好看的電視廣告片（TVCF）及平面廣告稿。

（五）廣告主運用廣告代理商之原因

1. 代理商各部門均專心從事廣告工作，具有廣告專業性。
2. 代理商吸引創意人員有發揮空間。
3. 代理商與媒體之間互動良好。
4. 廣告主可節省廣告作業支出。
5. 可隨時更換廣告代理商，選擇更佳創意的代理商。

（六）廣告公司型態

1. 綜合廣告代理業（占多數）。
2. 專門廣告代理業。

（七）廣告代理商之功能

1. 幫助客戶提案及企劃廣告。
2. 幫助客戶製作廣告（電視CF、平面稿、廣播稿、戶外、網路）。
3. 刊播廣告，但此項功能已有90%移轉到媒體購買公司了，這是專業分工的顯現。例如：現在有凱絡、傳立、貝立德、媒體庫等前四大媒體集中購買公司，這種集中購買主要作用是可以向各種電視、平面、網路、戶外媒體公司殺價，而取得更低的購買成本。

（八）選擇廣告公司之條件

1. 廣告公司的規模、經驗與口碑。
2. 廣告公司的創意與服務。
3. 廣告公司的服務費用及廣告片製作費用。

（九）廣告公司內部組織

1. 業務部（AE）。
2. 創意部（Creative）。
3. 製作部。
4. 行銷研究部。
5. 策略規劃部。

（十）廣告公司提案的流程

廣告公司對廣告廠商的CF創意簡報提案流程，大致如下圖所示：

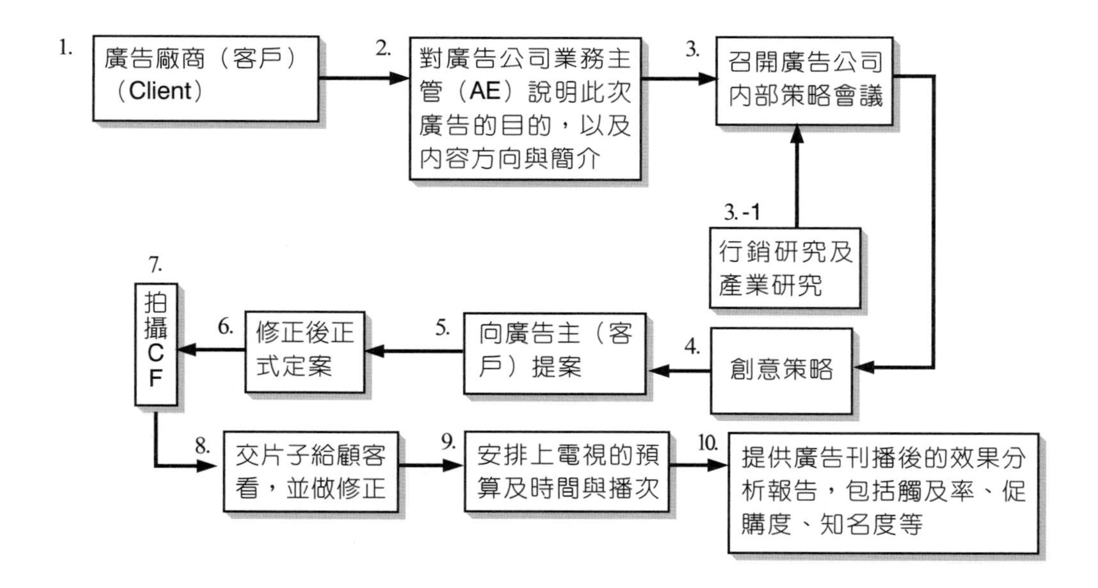

（十一）廣告製作費用

目前電視廣告片（TVCF）每支製作費用平均大約250萬元左右，但也有比較節省的，約在100～250萬元之間。

二 廣告主（廠商）與廣告代理商、媒體購買商、媒體公司、公關公司及整合行銷公司五者間之關係

（一）關聯架構圖示

一般來說，廠商行銷工作經常要與外界的專業單位協力合作才可以完成，有不少事情，並不是由廠商自己做就可以做好的，如果找到優良的協力廠商，藉助他們的專業能力、創意能力、人脈存摺能力及全力以赴的態度之下，反而會做得比廠商自己要好很多。例如：做廣告創意、做媒體購買、做公關報導、做大型公關活動、做置入式行銷等工作，就經常需要仰賴外圍協力公司的資源，才能發揮更大的行銷成果，圖8-1即表示這五者間的關係。

（二）為何需要公關公司

1. 因為他們與各媒體公司（包括電視臺、報社、廣播、網站、雜誌社等）的人脈關係比較熟悉，隨時可以請求這些媒體公司出SNG車（電視立即轉播車）、記者採訪、上報、上電視新聞等，其廣告露出的機會多，而這可能是廠商自己比較不易做到的。
2. 因為他們舉辦各種公關活動（例如：新產品發表會、法人說明會、新裝上市展示會、展覽會、戶外大型活動、晚會活動、歌友會等）的經驗及專業比我們要來得強，故委託他們做比較好。
3. 公關費如何收取，則要看狀況：

⑴有些是年度常態性收費的，例如：一年收240萬元，即一個月收20萬元，

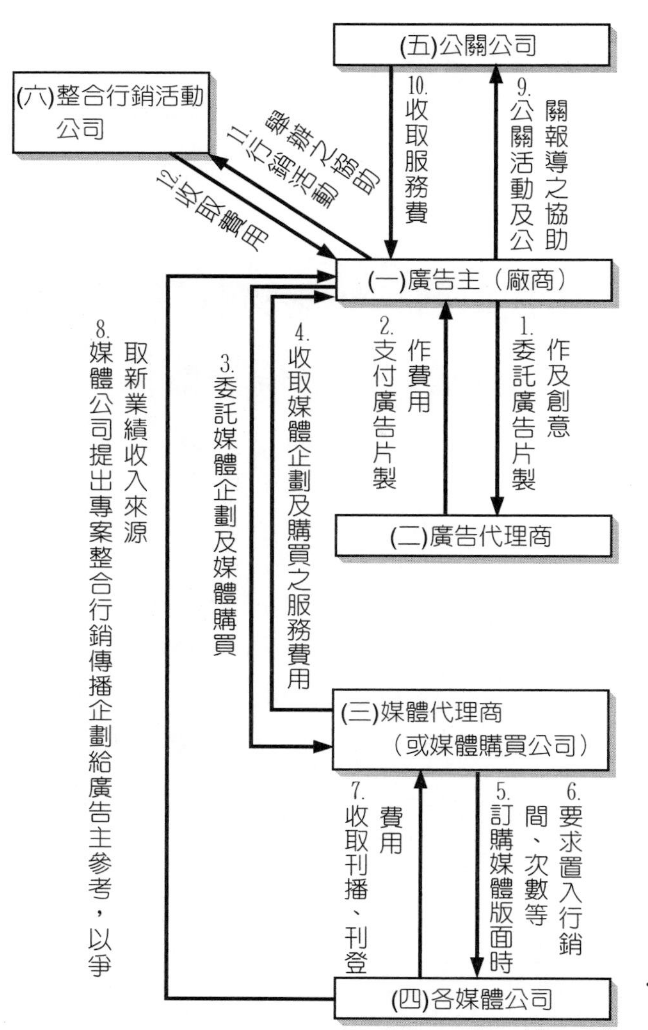

‧例如：奧美公關、21 世紀公關、精英公關、先勢公關等

‧例如：統一企業、統一超商、TOYOTA汽車、中華汽車、Nokia手機、中華電信、箭牌口香糖、光泉、味全、金車、東元、日立、SONY、Panasonic、acer、ASUS等

‧例如：李奧貝納、奧美、智威湯遜、台灣電通、上奇、麥肯、電通國華、BBDO 黃禾、達彼思、聯廣、太笈策略、東方、陽獅等

‧例如：凱絡、傳立、媒體庫、宏將、優勢麥肯、貝立德等

‧電視公司：無線電視臺、有線電視臺，如TVBS、中天、三立、緯來、東森、八大、年代、民視、非凡等
‧報紙：《聯合報》、《中時》、《自由時報》
‧雜誌：《商業周刊》、《天下》等
‧廣播：飛碟、中廣、台北之音、KISS Radio等
‧網路：Yahoo奇摩、FB、IG、LINE、Google等
‧戶外廣告代理公司

圖8-1 廣告主與相關行銷協力公司之關係

資料來源：本書作者整理

則公關公司固定要做哪些事情，這是大公司、大品牌才會做的。

⑵有些則是按件計酬的，例如：舉辦一場新產品發表記者會是20～30萬元之間；或是更大型的活動，也可能在100～500萬元之間不等。

（三）為何需要整合行銷公司

1. 因為他們舉辦專業活動的經驗及能力比我們豐富。
2. 現在也有愈來愈多的中小型（5～50人）整合行銷公司出現，專門為廠商協助辦理一些室內或室外的行銷活動。例如：廠商的週年慶、廠商的事件行銷活動、廠商的公益活動、廠商的新產品免費發放樣品活動、廠商的大型促銷活動、廠商的會員關係加強活動、廠商的展示活動等，這些也可能委外處理。
3. 至於如何收費，則要看案子的大小規模而定。

（四）廠商（廣告主）本身應該做什麼事

如前述所言，廠商在各種行銷過程中，不免會委託外圍專業單位來協助公司各項行銷活動的推展，這是必然的，也是必須的。但是，廠商在這些過程中，也應該保有一些原則與能力才行，包括：

1. 廠商要有良好的抉擇判斷力。能判斷出這些公司的提案及創意好不好，然後提出討論修正的意見及做最後最好的抉擇。
2. 廠商應注意這些外圍行銷夥伴的下列能力好不好、強不強：

⑴「創意」能力如何？

⑵案子推動的「執行力」好不好？

⑶過去配合的「成果」及「效益」好不好？

⑷他們是否把我們當成是「重要的客戶」，因此能專心一意的投入在本公司？

⑸他們是否是一家「穩定」及「有口碑」的行銷夥伴公司？

⑹過去我們與他們雙方的各項合作紀錄，是否「順暢」、「愉快」及具有「默契」？

三 廣告任務是什麼

廣告主這次請廣告公司來做廣告的任務是什麼，廣告主（廠商）自身必須很清楚，但有時候他們自己也未必十分清楚或十分有把握。因此，雙方必須深入討論，並了解廣告主公司老闆及其產品的市場現況、業績狀況與競爭狀況如何。

一般來說，廣告主做廣告，其目標或任務大致如下：

㈠有新商品或新品牌上市，需要做廣告，以打開新產品知名度。

㈡有既有產品改善後或重新定位後，需要做廣告。

㈢要做企業形象廣告。

㈣要做促銷活動宣傳。

㈤要提高市占率。

㈥要活化品牌，使品牌年輕化，不致於老化。

㈦要打造品牌，累積品牌信賴度及忠誠度。

㈧最終當然要提振業績。

四 廣告公司對廣告主（廠商）的「廣告提案」三部曲

一般來說，廣告公司在聽取廣告主的簡報（Briefing）之後，了解廣告主的需求、目的、預算與目標之後，即會展開內部的分工撰寫及討論工作，主要可區分為三部分工作：

㈠「市場分析與廣告策略」報告，主要由策略規劃部負責。

㈡「廣告CF創意表現與腳本說明」報告，主要由創意部負責。

㈢「媒體企劃與媒體購買」報告，主要由媒體代理商負責。

而這三部分工作，主要在做些什麼呢？如圖8-2所示。

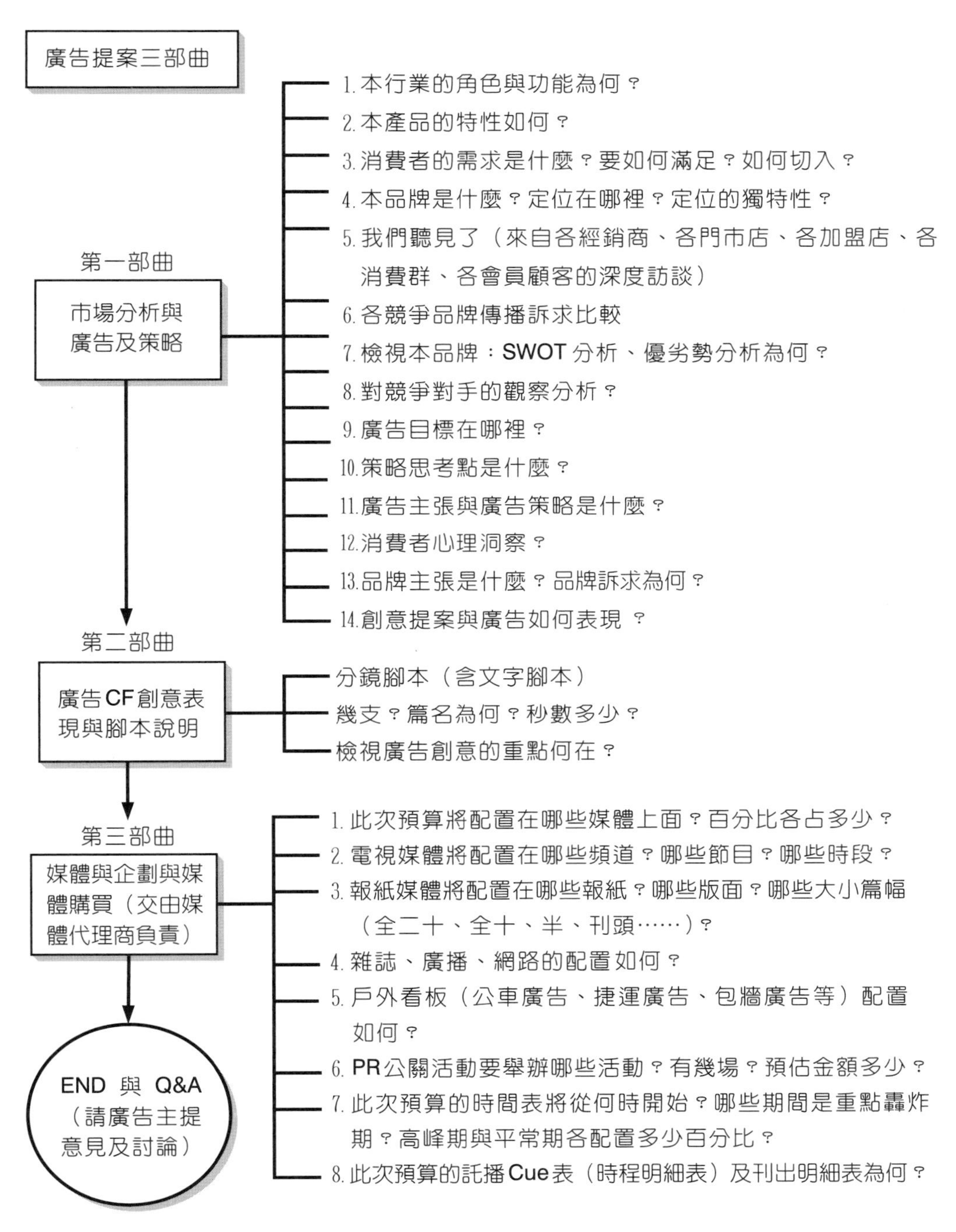

圖8-2 廣告提案三部曲之工作內容

五　廣告或行銷企劃案的完整撰寫架構及項目

一個完整的廣告或行銷企劃案，大致包括下列內容項目。

（一）導言

1. 目的、目標。
2. 有關客戶的指示。
3. 該案規模及範圍。

（二）行銷市場背景分析

1. 市場分析（Market Situation）

(1) 市場規模（Market Size）。
(2) 主要品牌占有率（Market Share of Major Brands）。
(3) 價格（Price）。
(4) 通路（Place）。
(5) 商品生命週期（Product Life Cycle）。

2. 競爭分析（Major Competitors）

(1) 市場地位。
(2) 產品特性。
(3) 通路。
(4) 價格。
(5) 主要訴求對象。
(6) 廣告的訴求、創意表現及選擇的媒體。
(7) 行銷活動的策略及執行。

3. 商品分析（Product Analysis）

(1)包裝規格、各包裝的銷售比與價格帶。

(2)商品特色。

(3)上市日期（或推廣日期）及行銷區域。

4. 消費者分析（Consumer Analysis）

(1)主要使用者和購買者是誰？總數量多少？

(2)消費者購買時受哪些因素影響？購買動機是什麼？

(3)消費者在什麼時候、什麼地點購買？

(4)消費者對商品的要求條件是哪些？

(5)使用次數？使用量？

(6)大多經由什麼管道得知商品訊息？

(7)購買者和使用者是否相同？

（三）定位：商品現況定位

1. 市場對象：什麼人買？什麼人用？
2. 廣告訴求對象：賣給什麼人？
3. 商品的印象及所塑造的個性。

（四）問題點及機會點

1. 問題點：有哪些地方消費者還無法得到滿足？
2. 機會點：有哪些地方還可以拓展消費者？

（五）行銷建議

1. 行銷目標（Marketing Object）。

2. 行銷策略（Marketing Strategy）

(1)定位（Positioning）。

(2)產品（Product）特性：品牌形象、包裝價格、市場趨勢、獨特銷售賣點（USP）。

(3)目標對象（Target）。

(4)行銷管道（Place）。

(5)銷售區域（Area）：地理、人口、都會、鬧區、家庭。

(6)時間（Time）：行銷時機、民俗節慶、商品淡旺季。

（六）廣告策略建議

1. 廣告目標（Advertising Objective）。
2. 訴求對象（Target Audience，簡稱TA）：生活型態、價值觀。
3. 消費者利益點（Benefit）。
4. 支持點（Support Statement）、訴求點、主張點。
5. 氣氛、格調（Mood Tone）：廣告作品表現格調、視覺色調、聽覺、人物、背景。
6. 創意構想：理性、感情。
7. 創意執行。
8. 代言人建議。

（七）媒體計畫

1. 媒體目標。
2. 實施期間。
3. 媒體戰略。
4. 媒體預算的分配。
5. 媒體時間表（Media Schedule）。

（八）促銷活動建議

1. 活動目的。
2. 活動策略。
3. 執行方案。
4. 活動時間表。

（九）工作進度總表／總預算表

廣告企劃案的撰寫，並無一定之格式，應視個案需要而定，以上為通常不可或缺之項目。

六 電視廣告優缺點

（一）優點

1. 有聲音、影像、色彩。
2. 傳播速度快且傳播面極廣（全臺5,000有線電視收視戶數，及每天90%開機率）。
3. 記憶及認知感是所有媒體中最高的。
4. 高度吸引力，並且表現手法最多。
5. 適合中年人、老年人產品做電視廣告。

（二）缺點

1. 成本相當高，不是小公司、小品牌所能負擔。
2. 20～35歲年輕人較少看電視。

七　電視廣告創意表現八種類型

電視廣告創意的執行，通常有下列八種方式表現，舉例說明：

(一)證明法（代言人）：醫生、藝人、專家、意見領袖與網紅等。

(二)問題解決法（洗髮精）：海倫仙度絲解決頭皮屑。

(三)示範法（洗潔精）：多芬洗面乳、洗髮乳之上班族示範。

(四)幻想型：英雄救美，穿LEVI'S牛仔褲。

(五)幽默法：用古裝手法拍攝茶飲料。

(六)生活片段法：統一左岸咖啡、御便當。

(七)直接銷售法：百貨公司促銷打折廣告。

(八)情感表現法：以動人的文案及畫面，感動人心。

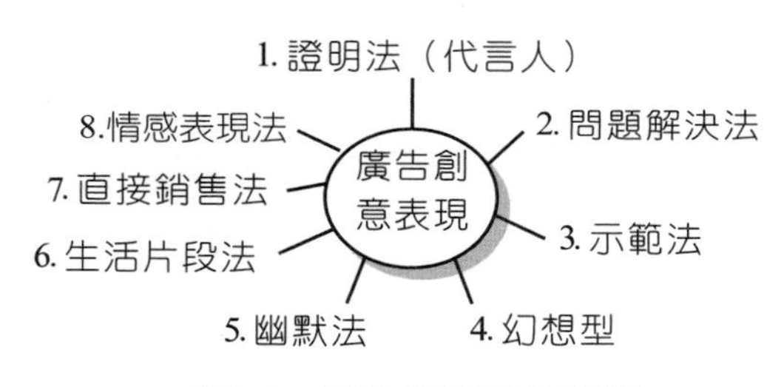

圖8-3　廣告創意執行類型

八　POP廣告（又稱店頭內廣告或賣場內廣告）

（一）POP的功能（Point of Purchase, POP）

1. 新商品上市的告知

新商品的上市為了要告知消費者，常常會在賣場、商店內做一些奇特或新奇醒目的人物造型或者懸掛物，來引起消費者的注意。

2. 刺激即興的購買

對於低涉入感的產品，POP常常會激起消費者在賣場的注意與衝動性的購買。

3. 增加賣場的氣氛及告知促銷訊息

POP可以配合公司的開幕或者季節性促銷檔期的廣告活動，來活絡賣場的氣氛。

4. 傳達商品的內容

POP可以扮演商品與消費者之間的無聲業務員，讓消費者很容易與其他產品做區別，同時也可以讓消費者了解商品的內容與產品的價格。

（二）使用POP的注意要點

1. 在視覺上設計主題之傳達以及色彩、形狀的運用能夠醒目、突出，引起消費者的注意，把商品的特色表現出來。
2. POP放置的角度必須要配合賣場的陳列架構，易於讓消費者視線接觸到，以引起消費者的注意為主。
3. 必須配合促銷的目的以及商品的特性來製作，能夠配合賣場的布置與陳列，以增進賣場氣氛和商品的價值。
4. 產品內容訊息要很簡潔、一目了然，而產品特質、材質要和產品搭配，使消費者有信心。

過去廠商都不重視POP，但由於經濟型態的改變和商業間競爭激烈，產品的差異化愈來愈小，POP漸漸受到重視。目前每一個銷售地點無不利用POP，除了加強氣氛外，主要傳達產品訊息。因此，如何利用POP來適應市場環境的變化是最重要的課題。

九　創意的培養方法

（一）打破習慣

1. 跳出框框，不要鑽牛角尖。
2. 檢視每天的生活。習慣是創意的最大障礙，主動打破習慣，對自己習慣不斷反省與批判。

（二）觀察敏銳

1. 對人

察言觀色，從人的表情、服裝、個性動作或看電影去發想。

2. 對地

風花雪月，從各地的建築物、地形狀態、風土民情去了解。

3. 對事

耳聽八方，以了解各階層的觀念、語言的溝通方式，幫助自己產生靈感。

4. 對物

物換星移，了解包裝用品、櫥窗設計，幫助自己產生創意。

（三）日日閱讀

需有恆心毅力，以跑馬拉松的精神，利用片段時間，不斷努力吸收新觀念、技術和方法。例如：書籍能提供一個心靈的知識、啟發思想，更能引起各種情緒。

（四）喜愛旅行

發展創意時，即可運用旅行來增加見聞，開闊視野，獲取大量組合素材，激發想像力。創意人員常走出都市去體會當地情境的感受，充實經驗，並且尋找新鮮事物。

（五）隨手筆記

隨時隨地將感想寫下，尤其是靈感；語言亦是一樣的，隨手記下，抓住靈感，要不然會稍縱即逝。

（六）蒐集資料

把舊有的事物形成為一個新的組合，先求量再求質，在平常的生活中蒐集資料。蒐集資料愈豐富，產生的創意機會愈多。

（七）國外參訪考察

透過國外先進國家的各種人、事、物、地等參訪考察、互動討論及蒐集資料等，可以得到好的啟示。

（八）團隊互動討論（創意動腦會議）

廣告是一個團隊工作，必須互相討論以激發思考、啟發靈感，從別人的觀點來得到啟發，讓自己多一層工作經驗。

（九）放鬆自己

創意人員的工作壓力大，常面臨創意被否定的狀況。為避免挫折和沮喪，故當思考枯竭時，必須利用各種方式，如散步、健行、慢跑、游泳、瑜伽、SPA、太極、流汗、洗澡、大睡一場等，來放鬆自己。

3 臺灣主要的廣告公司、媒體公司、媒體代理公司及公關公司

一 臺灣主要各類型媒體公司

（一）電視媒體公司

1. 無線電視臺

台視、中視、華視、民視等四家。

2. 有線電視臺

(1) 三立家族：三立臺灣、三立都會、三立新聞臺。

(2) TVBS家族：TVBS、TVBS-N、TVBS-G。

(3) 東森家族：東森新聞、東森財經、東森電影、東森洋片、東森娛樂、東森幼幼臺。

(4) 中天家族：中天綜合、中天娛樂。

(5) 八大家族：GTV第一臺、GTV綜合、GTV戲劇。

(6) 緯來家族：緯來日本、緯來電影、緯來綜合、緯來戲劇、緯來育樂、緯來體育。

(7)民視：民視無線臺、民視新聞臺。
(8)福斯家族：衛視中文臺、衛視電影、衛視西片。
(9)年代家族：年代、Much TV。
(10)非凡：非凡新聞、非凡財經。
(11)其他：Discovery、NGC、ESPN、HBO、momo親子臺、霹靂、龍祥、AXN、Cinemax、好萊塢電影臺。

(二) 報紙公司

1. 自由時報。
2. 聯合報。
3. 中國時報。
4. 經濟日報。
5. 工商時報。
6. 蘋果日報(已於2022年3月停刊、關門了)。

(三) 雜誌公司

1. 財經/商管類

(1)商業周刊。
(2)天下。
(3)遠見。
(4)今周刊。
(5)財訊。
(6)數位時代。
(7)經理人月刊。
(8)哈佛商業評論。

2. 投資理財類

(1)Smart智富。
(2)Money錢。

3. 女性流行時尚類

(1)VOUGE。
(2)ELLE。
(3)大美人。
(4)美人誌。

(5)美麗佳人。

(6)儂儂。

(7)CHOC恰女生。

(8)新娘物語。

4. 男性流行時尚類

(1)GQ瀟灑。

(2)男人誌Men's Uno。

(3)FHM男人幫。

(4)COOL流行酷報。

5. 健康類

(1)康健。

(2)大家健康。

(3)早安健康。

6. 電腦電玩類

(1)電腦家庭PChome。

(2)密技吱吱叫。

(3)電玩通。

(4)電擊Hobby。

(四)網路媒體公司

1. Yahoo! 奇摩。
2. FB(臉書)。
3. 抖音(TikTok)。
4. udn.com聯合新聞網。
5. YouTube。
6. Twitter(維持)。
7. Instagram(IG)。
8. Google。
9. 痞客邦。
10. 巴哈姆特。
11. Dcard。
12. ETtoday新聞雲。

（五）廣播公司

1. 中廣。
2. 好事聯播網。
3. 飛碟聯播網。
4. Hit FM聯播網。
5. News98。
6. 亞洲廣播。
7. 環宇廣播。
8. IC之音。
9. 全國廣播（臺中）。
10. 城市廣播（臺中）。
11. 大眾聯播網（高雄）。

4 促銷概述（Sales Promotion/SP）

一 促銷快速成長之因素

促銷在現代商品行銷中已被廣泛及頻繁的使用，主要是基於以下因素：

㈠ 對某些類型產品而言，它已被證明是有用、最有效果的行銷工具之一。

㈡ 競爭廠商開始有促銷的正確概念。

㈢ 不景氣的時代中，消費者對折扣產品大表歡迎。

㈣ 消費者也期待從促銷活動中，得到額外的回饋補償。

㈤ 廠商彼此之間競爭的結果。

我們都可以看到百貨公司、量販店、3C賣場、超市等，在做年中慶、週年慶母親節等降價、折扣促銷活動期間，經常是人潮擁擠，業績大為提升，此代表大型促銷活動是有效的行銷工具。

二 促銷的目的（Purpose of Sales Promotion）

促銷活動之目的，主要可區分為以下三類。

（一）就產品而言

藉促銷而提高知名度，並吸引潛在消費者第一次試用。

（二）就現有市場而言

1. 市場領導者

促使消費者多增加購買量，並防止品牌忠誠被轉換。

2. 市場挑戰者

爭取品牌游移者轉到本公司來，提高市場占有率。

（三）就業績而言

希望提振業績。

三 促銷工具的種類（對消費者）

比較常見對消費者的促銷方式，大致有以下13種：

㈠買一送一、買二送一：現在最受歡迎的促銷方式，就是買一送一。

㈡抽獎：例如：將標籤剪下參加抽獎活動，而獎項可能包括國外旅遊機票、家電產品、轎車、日用品等；這是最常使用的方式。

㈢免費樣品（Free Charge Sample）贈送：免費將樣品提供給消費者使用，以打開知名度及使用習性。

㈣滿千送百、滿萬送千及購滿贈：例如：購買滿多少金額以上，就免費贈送手提袋或其他產品，刺激消費者購買足額，以得到贈獎。例如：買2,000元送200元抵用券；或買3,000元以上送精美贈品。

㈤折扣（全面五折、全面七折）：例如：百貨公司或超級市場都會在特殊節日或換季時，進行打折活動，通常消費者都會暫時忍耐消費，期待打折時再大舉購買，以節省支出。

㈥包裝的變化（贈品包裝、促銷包裝）：愈來愈多廠商為了吸引消費者在購買現場的情緒，通常都會採一大一小的包裝，小的產品則屬於贈品；另外，也有組合包裝或二大產品的共裝，但是價格卻較個別購買時為便宜，主要目的還是希望藉此價格稍便宜而增加銷售量。

㈦特價品：例如：均價99元活動或特價區（每件50元、每件99元），或任選三樣只要很便宜的價錢。

㈧紅利積點換贈品或折抵現金活動：例如：SOGO與愛買的Happy Go卡、家樂福的好康卡、全聯的福利卡等。

㈨贈送折價券或抵用券（Coupon）。

㈩加價購：消費者只要再花一些錢，就可以買到更貴、更好的另一個產品。

⑪買第二個，以六折優待（相同商品第二件六折）。

⑫來店禮及刷卡禮。

⑬加送期數：例如：兒童雜誌每月300元，一年期3,500元；但新訂戶免費加送二期，合計一年共十四期可看。

上述幾種是專對消費者可採用的常用促銷方式。

四 對通路商之促銷

對銷售通路的經銷商、批發商或零售商之促銷方式，則有不一樣的方式，較常採用：

㈠當進貨量或銷售量超過某一數量後，即給予價格折扣。

㈡常舉行業績競賽，優秀者贈予金獎牌、招待國外旅遊或頒發獎金等。

㈢給予經銷商票期拉長，或者允許先進貨，有賣出再收款。

㈣協助經銷商之店面進行改裝或張貼壓克力招牌等。

茲圖示各種促銷工具與方式，如圖8-4。

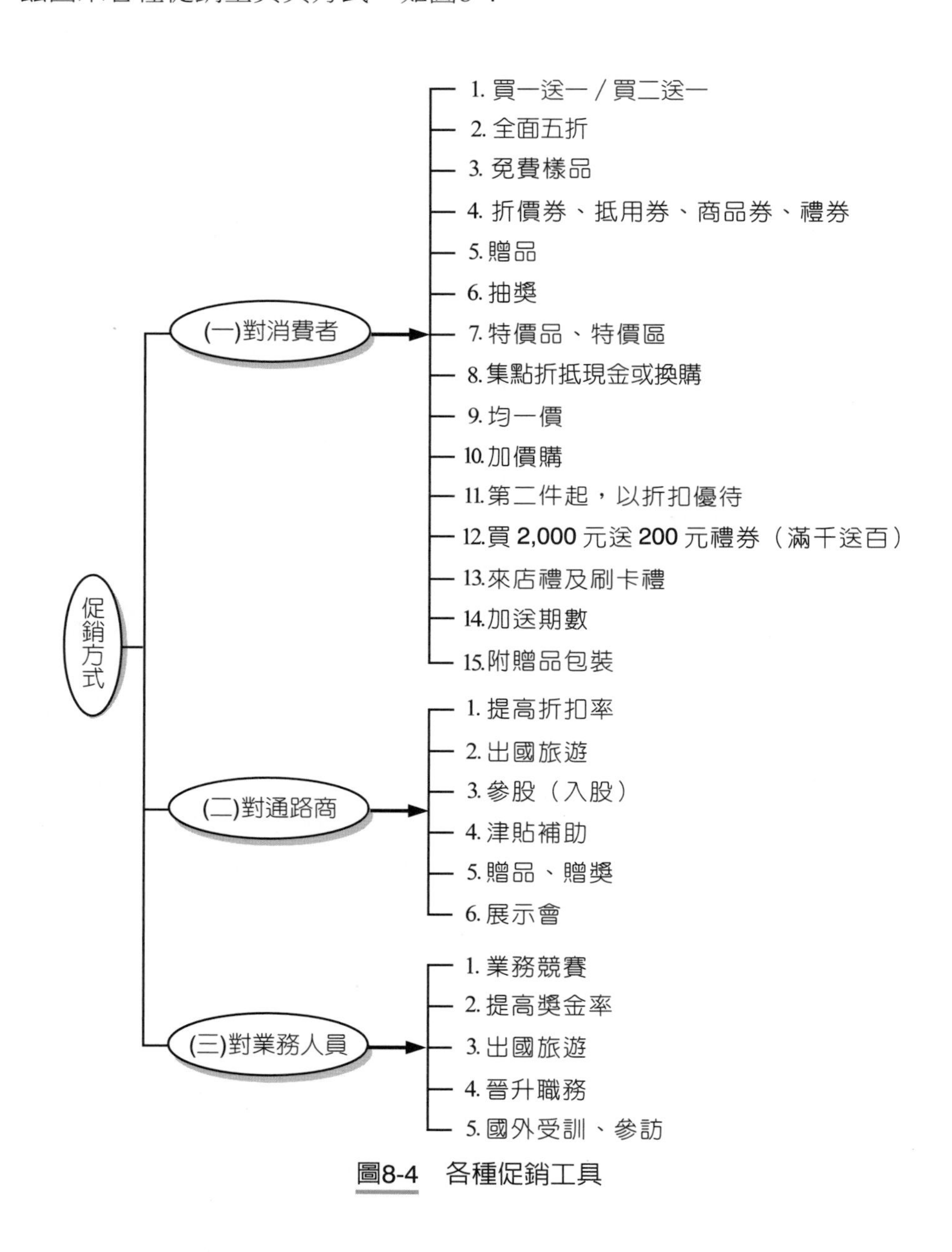

圖8-4 各種促銷工具

五 大型SP促銷活動舉辦，事後如何評估其效益

（一）評估效益的方法及內容

如果以某消費品廠商舉辦慶祝母親節，其產品在某一個月內，全面八折起為例，事後要如何評估此折扣戰活動的效益大或小，則要做以下分析：

第一：首先，要拿過去平均每個月的損益表狀況，來做比較的基準。

第二：其次，要以這次折扣戰後的那個月之損益表狀況，來觀察是否比過去平均數的狀況要好些。

	上月分損益狀況	本月執行千萬大抽獎活動後損益	增減狀況
1. 營業收入 2. 營業成本 3. 營業毛利 4. 營業費用	3億元 （2.1億元） 9,000萬元 （9,500萬元）	3.75億元 （2.50億元） 1億2,500萬元 （9,500萬＋2,000萬＝1億1,500萬元）	營收增加7,500萬元 成本增加4,000萬元 毛利額增加3,500萬元 費用增加2,000萬元
5. 虧損	–500萬元	+1,000萬元	獲利增加1,500萬元
此次促銷活動效益顯著，營收額增加二成多，而毛利額也因而增加3,500萬元，扣掉此次活動的2,000萬元行銷費用，故仍能淨賺1,500萬元，比上月虧損500萬元的狀況改善許多。			

（註：成功的促銷，最重要是看有沒有很顯著、足夠的提高業績金額，若業績成長很多，就是成功的的促銷檔期。）

〈案例〉

茲列舉數據比較分析，如下頁表格所示。

折扣促銷月				
	過去平均每月損益	狀況1（效益大）	狀況2（效益普通）	狀況3（效益差）
1. 營業收入 2. 營業成本 3. 營業毛利 4. 營業費用	4億元 （2.4億元） 1.6億元 （1.2億元）	9.25億元 （7.40億元） 1.85億元 （1.25億元）	8.25億元 （7.60億元） 0.65億元 （0.25億元）	7.25億元 （6.80億元） 0.45億元 （0.25億元）
5. 稅前淨利	4,000萬元	6,000萬元	4,000萬元	2,000萬元
說明	(1)過去平均每月的獲利維持在4,000萬元左右。 (2)註1：此公司的平均產品成本率為60%、毛利率為40%。 註2：當月打八折後，毛利率將降為20%而已。	(1)折扣促銷之後，該月分的營收額倍增到9.25億元，而獲利額則上升到6,000萬元；比過去平均的4,000萬元更多。 (2)營業額的現金流量，從4億元上升到9.25億元。 (3)故為成功的促銷活動。	(1)折扣促銷之後的獲利額與過去的4,000萬元維持相同，故未出現好績效。 (2)但營收額有增加，可達成原訂年度預算目標。	(1)此狀況代表獲利額反從過去的4,000萬元下降為2,000萬元。主因是此次折扣戰降低了二成毛利率，而且增加5,000萬元的廣宣費用。 (2)營收額目標沒有達成，故效益算是差的。

（二）促銷活動的目的與效益

很多企業舉辦促銷活動時，其目的是多元的，但是，除非是很成功的促銷活動，否則並不容易完全達到這些目的與效益。內容茲說明如下。

1. 希望提振營業收入或提振業績

在不景氣之下，很多企業的營收目標大都無法如期達成，或是較去年同期更為衰退，或微幅減少。因此，提振及達成年初所訂的年度營收額目標預算，是第一個主要目的。

2. 希望獲取更多的現金流入（Cash-in-Flow）

促銷活動當然會增加一些營收，因此，也帶來增加的現金在手，這對公司老闆的現金周轉需求是很重要的。

3. 希望出清過期、過季、過多的庫存品

當季節過了，食品飲料的有效期限將到期，以及生產工廠堆積太多庫存品時，或代理商進口太多而未能順利賣出時，廠商會透過促銷活動出清商品，至少取得一些現金在手，即使可能虧錢販賣。

自我評量題目

1. 促銷活動為何近年來快速成長，其原因為何？而促銷之目的又有哪些？試分別說明之。
2. 試說明促銷決策之內容包括哪些？
3. 促銷的工具有哪些？
4. 試說明廣告企劃案撰寫內容為何？
5. 試分析POP廣告之功能及使用涵義要點。
6. 廣告創意的表現技巧有哪些類型？
7. 試說明廣告公司提案的流程為何？
8. 試說明媒體企劃與媒體購買為何？
9. 何謂推進與拉回策略？
10. 廣告的功能有哪些？
11. 促銷的目的有哪些？

第九章

公共事務與大型活動行銷

1 公共事務（公關）

一 「公關」（Public Relationship）的類型

公共關係是指幫助某組織和大眾相互適應的活動，如表9-1中列舉各功能領域的泛稱。

表9-1　各類型公關功能

序	公關類型	名詞定義
1	政府公關	代表某組織和立法當局或政府機構交涉與溝通
2	公共事務	與協助制定政策和立法的政府部門或團體打交道
3	議題管理	對於和某組織相關的公共政策進行系統式的研究及行動
4	同業公關	和某組織同業間的交涉與溝通
5	媒體公關	與傳播媒體的交涉，目的在打知名度及建立形象
6	行銷公關	透過特定的媒介傳播精心規劃的訊息，在沒有特別付錢給媒體的情況下，替某個組織、個人、產品帶來利益，重點在於宣傳
7	財經公關	以上市公司或商業為主體，對投資人進行傳播與溝通的活動，是公司與投資人間的橋梁
8	企業公關	提供企業整體與各營業單位事業的傳播規劃及服務，包括管理傳播、財務試算、訊息發布及行銷宣傳

二 公關的溝通對象

企業內部的公關部門及公關人員，其主要的對外溝通對象，其實是很多元的，如圖9-1所示。

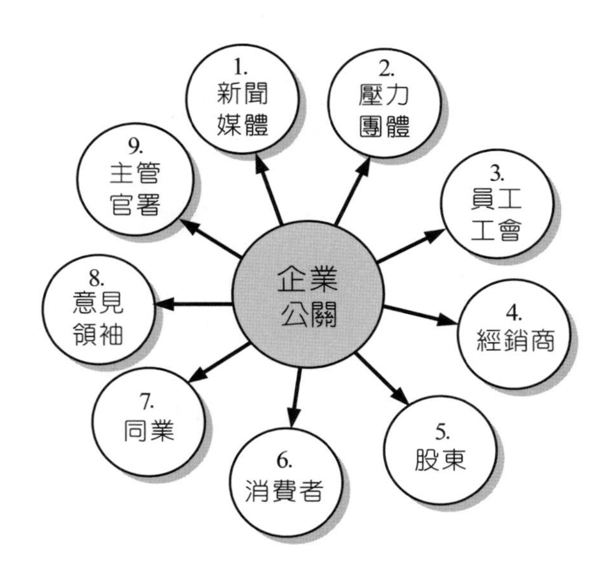

圖9-1 公關的溝通對象

對象包括如下：

㈠新聞媒體（電視臺、報社、雜誌社、廣播電臺、網路新聞公司）。

㈡壓力團體（消基會、產業公會、同業公會、立法院）。

㈢員工工會（大型民營企業的員工工會）。

㈣經銷商（廠商的通路協助銷售成員）。

㈤股東（大眾股東）。

㈥消費者（一般購買者）。

㈦同業（競爭同業業者）。

㈧意見領袖（政經界名嘴、律師、聲望人士等）。

㈨主管官署（政府行政主管單位）。

上述公關對象，大部分仍以企業對外的對象為主軸，對內公關的員工對象則為次要。

三 企業內部公關部門的職掌

公司公關部門人員負責的主要工作職掌，包括：

㈠擔任公司對外正式發言人之窗口與聯繫人。

㈡負責接洽、接待、聯繫來訪的各界人士，包括媒體、證券、投顧、政府監管單位、國外貴賓等。

㈢接受各界媒體的專訪及訪談稿撰寫回覆。

㈣新產品上市記者會、發表會之主辦或協辦。

㈤法人說明會之主辦或協辦。

㈥重大危機處理之主辦、主導單位與應對單位事宜。

㈦製造生產據點與鄰近公民社區良好關係處理之事宜。

㈧公益活動之主辦或協辦事宜。

㈨公關活動及事件行銷活動主辦或協辦事宜。

㈩與消費者意見反映及客訴相關事宜之處理。

⼟平日對媒體詢問事宜之回應處理。

⼠其他有關公司之公共事務與公關關係促進事宜項目。

四 公關部門的目標（或目的、功能）

企業內部公關部門的目標、目的或功能，主要如下：

㈠達成與各電子媒體、平面媒體、廣播媒體、雜誌媒體及網路媒體的正面、良好互動，及充分認識媒介關係與人際關係目標。

㈡達成與外部各界專業單位、各界專業人士及各界策略聯盟合作夥伴等，良好的互動關係之目標。

㈢達成協助營業部門、行銷企劃部門及事業部門之專業活動推動執行與公關業務執行工作目標。

㈣達成企業可能出現危機事件之預防，以防微杜漸；以及面對突發性危機事件出現之後，快速與有效的回應處理，而使危機事件迅速弭平，降低對公司傷害到最低之目標。

㈤達成宣揚公司整體企業形象，獲得社會大眾消費者、上下游往來客戶等支持、肯定及讚美之目標。

㈥達成平日與各界媒體良好的業務往來，並滿足媒體界的資訊需求目標。

㈦達成對內部各平行部門及各單位員工對公司的強勁向心力、使命感及企業文化之建立。

茲圖示如下（圖9-2）：

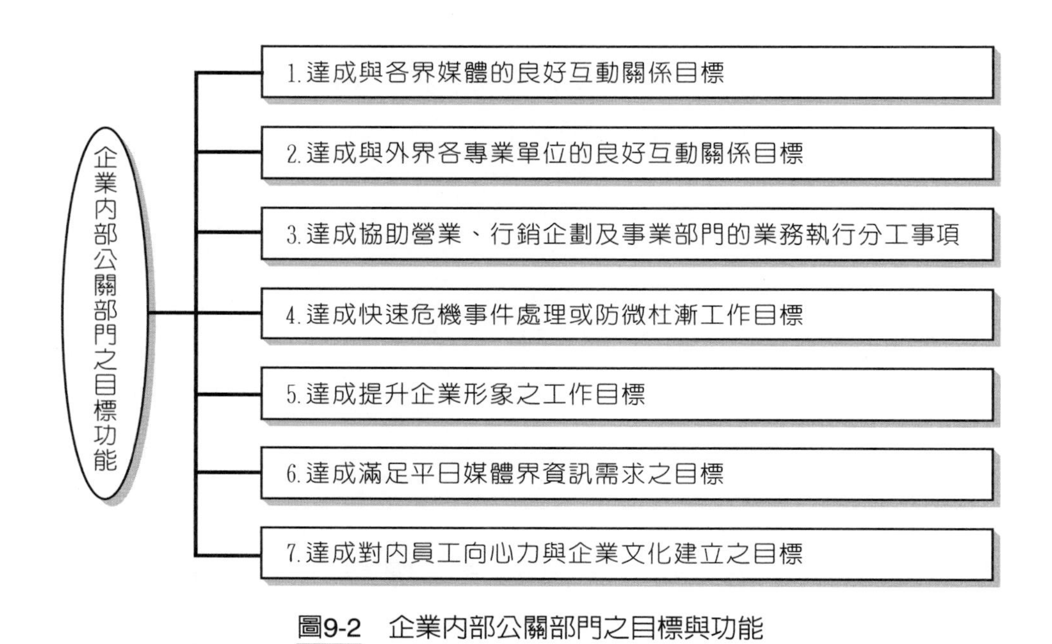

圖9-2　企業內部公關部門之目標與功能

2 大型活動行銷的類型（Event Marketing）

一 運動型

這種型態以贊助各種運動項目為主，如富邦集團贊助臺北國際馬拉松比賽、和泰汽車舉辦「萬人邁步走」健走活動、統一企業主辦「為健康而跑」、維他露公司每年舉辦舒跑杯路跑賽，以及各企業體自組籃球隊、棒球隊等皆是。

二 音樂型

這種型態以贊助各種演唱會與演奏會為主，例如：豐田汽車每年在國家音樂廳舉辦交響樂團的音樂會、銳跑運動鞋贊助青春之星的選拔等皆是。

三 公益型

這種型態以贊助各種公益活動，或宣導公益觀念為主。例如：宣導「舉手做環保」、7-Eleven贊助「饑餓30」援助非洲難民、中國信託募款贊助弱勢族群等。

四 文化型

這種型態以贊助各種文化活動為主，如7-Eleven贊助粉塑藝術展、遠東SOGO百貨推出「社會大學」。

五　慈善型

這種型態以贊助各種慈善活動為主，例如：味全的「好心救好心」活動、麥斯威爾隨身包的慈善義賣、麥當勞的「窗外藍天」活動等皆是，以及在遠東百貨公司前設立捐血站等。

大型活動行銷的重要性漸漸受到廠商重視。因為廠商花了數億元在廣告活動上，但不知它的效果在哪裡，而大型活動行銷卻能帶給企業體一般商業活動難以產生的附加價值，譬如塑造企業形象、提高知名度、拉近與消費者之間的關係等。種種因素使得大型活動行銷愈來愈流行，且對若干企業體貢獻卓著（例如：豐田、可口可樂等）。展望未來，由於競爭日益激烈，品牌形象愈來愈重要，因此大型活動行銷的重要性應該也會隨之增加，使得行銷人員不得不加以重視。

為了便於閱覽並配合現在流行的活動行銷（Event Marketing），製成一覽表（表9-2）以供參考之用。

表9-2　大型活動行銷種類及主要內容

種　類	主要項目內容
1.銷售性活動	新車發表會／新產品展售會／拍賣會／義賣會／房地產工地秀／農產品銷售會／維他露超級郵輪歡樂遊／換季商品大特賣／冰展／迪士尼兒童秀
2.PR性活動	飆舞大會／慈善晚會／鄭和下西洋／禮儀競賽／情人節活動／反對家庭暴力／青少年問題
3.贈品抽獎性活動	電視公開抽獎／回函抽獎／樂透／訂《中國時報》送手機
4.大眾媒體活動	三星堆傳奇／大眾媒體主辦的各種活動／聯合廣告
5.銷售通路活動	經銷商會議／經銷商援助／經銷商國外旅遊／業績競賽／商品陳列競賽／教育訓練課程／資訊情報系統共用／新產品說明會
6.政治性活動	高雄美麗島事件／各級選舉活動／政治性遊行／政治性募款餐會／政治性演說會
7.文化性活動	各種美術展／書法展／鄉土文物展／原住民文物展／雲南藏族歌舞團「卡瓦博格讚」／秦朝兵馬俑展／臺北恐龍展
8.體育性活動	各種奧運會／各級各種球類比賽／臺灣區運動會／各級學校機關團體運動會／各種登山活動／賽車活動／健美比賽

（續）

續表9-2

種　類	主要項目內容
9.娛樂性活動	影歌星演唱會／影歌星簽名會／園遊會／社區康樂晚會
10.宗教性活動	迎佛指舍利大會／大甲鎮瀾宮媽祖繞境
11.其他活動	企業週年慶

六　活動企劃案的共通性撰寫大綱

行銷企劃人員經常在工作中會舉辦很多活動，像新產品上市發表會、記者會、事件行銷活動、VIP會員招待會、封館秀、節慶促銷活動及公關、公益活動等，均需撰寫活動企劃案。總的來說，大概會包含下列大綱項目的撰寫內容：

㈠活動緣起、緣由。

㈡活動目的、宗旨。

㈢活動目標。

㈣活動主題。

㈤活動主軸。

㈥活動策略。

㈦活動名稱。

㈧活動Slogan（口號、標語）及Logo（標誌）。

㈨活動進行流程（Run Down表）及節目表。

㈩活動節目設計。

⑪活動內容規劃與創意設想。

⑫活動專案小組組織表與人員分工。

⑬活動時間、日期、期間。

⑭活動地點。

⑮活動型態。

⑯活動媒體宣傳做法。

㈦活動預算（支出）／經費概估。

㈧活動效益分析（有形效益、無形效益）。

㈨活動現場布置規劃。

⑽活動主持人、代言人。

⑾活動走秀表演。

⑿活動對象、邀請來賓、媒體記者。

⒀活動錄影。

⒁活動贈品。

⒂活動肖像、玩偶。

⒃活動保全規劃。

⒄活動危機處理。

⒅活動結案報告。

第五篇

市場調查

第十章

市場調查

1 市場調查

一 為何要做市調？

㈠有利做對的行銷決策及制定對的行銷策略。

㈡產生行銷競爭力。

㈢公司才有好業績。

包括：產品決策、訂價決策、研發決策、通路決策、品牌決策、廣告決策、服務決策等行銷決策。

二 市調的二大目的

㈠制定正確的行銷策略（Marketing Strategy）。

㈡做出正確的行銷決策（Marketing Decision）。

三 市調調查研究的九種時機

㈠開發新產品時。

㈡開發新市場時。

㈢產品上市前。

㈣產品上市後。

㈤產品／市場發生變化時。

(六) 公司想要調整行銷策略時。

(七) 公司想要了解各種行銷績效時。

(八) 公司想了解競爭動態時。

(九) 公司想要做某些行銷／經營決策時。

四　市調調查研究——能幫助廠商什麼？

(一) 協助廠商發覺與評估市場機會。

(二) 掌握市場供需規模與未來發展潛勢。

(三) 協助廠商制定行銷策略：

1. 選擇目標市場。
2. 設定目標客層。
3. 產品定位與品牌命名。
4. 訂定商品價值。
5. 分配通路選擇與商圈評估。
6. 促銷與推廣活動規劃設計。

(四) 協助廠商評估行銷績效：

1. 了解品牌在市場上的地位。
2. 了解競爭者的動態與強弱勢。
3. 了解顧客對公司提供商品或服務的滿意度。

五　市調研究主題

（一）產品研究

1. 產品定位研究。
2. 產品新商機研究。

3. 新產品創意概念化研究。
4. 新產品試吃、試喝測試研究。

（二）滿意度研究

1. 整體服務滿意度調查。
2. 各項服務滿意度調查。
3. 產品滿意度調查。
4. 其他滿意度調查。

（三）廣告研究

1. 廣告代言人調查。
2. 廣告CF調查。
3. 廣告播放後效果調查。

（四）品牌研究

1. 品牌知名度、偏好度研究。
2. 品牌忠誠度研究。
3. 新品牌名稱研究。

（五）通路研究

1. 通路型態研究。
2. 消費者與通路互動關係研究。
3. 通路促銷活動研究。

（六）媒體研究

1. 媒體收視率、閱讀率、收聽率、點閱率調查。
2. 新興媒體效果調查。
3. 傳統媒體效果調查。

（七）消費者研究

1. 潛在需求研究。
2. 生活型態研究。
3. 價值觀研究。
4. 消費行為研究。

（八）價格與促銷研究

1. 新產品價值研究。
2. 價格調整變動調查。
3. 促銷內容調查。

六　市調研究方法兩大類型

（一）量化研究（大樣本數）

1. 電話訪問法（電訪）。
2. 街頭訪問法（街訪）。
3. 家庭訪問法（家訪）。
4. 郵寄問卷訪問法。
5. 網路問卷調查法。

6. 店內填寫問卷法。
7. 固定樣本調查法。
8. 集體問卷調查法。
9. 手機問卷調查法。

（二）質化研究（小樣本數）

1. 焦點團體座談會（Focus Group Interview，FGI或FGD）。
2. 一對一深度訪問法。
3. 家庭觀察法。
4. 日記填寫法。
5. 賣場觀察調查法。

七 企業實務上：量化研究主要的三種方式

（一）電話訪問（電訪）

1. 適合計畫：
· 全國性（各縣市）消費者。
· 特定對象消費者。
例如：麥當勞顧客滿意度，必定採取全國性電話方式進行。
2. 優點：隨機抽樣，具大樣本客觀性。

（二）網路調查（網路填卷）

1. 適合計畫：
· 年輕族群消費者。
· 會員消費者。
· 卡友消費者。

例如：各銀行理財客戶滿意度，經常採取網路填寫問卷方式。

2. 優點：成本低、速度快。

（三）店內填寫問卷市調法

例如：王品、西堤、陶板屋、薇閣motel、五星級大飯店、大醫院、服飾連鎖店、銀行等服務業，大多利用此法進行市調。

（四）手機調查法

現在由於年輕人很少接觸到家中電話，因此，有特殊狀況時，針對年輕族群會採取手機調查方式。

八 行銷人員掌握資訊情報的二大類資料來源的區分

㈠ 原始資料（Primary Data）。

㈡ 次級資料（Secondary Data）。

九 「原始資料」來源方法

（一）量化調查

1. 電話訪問（CATI系統）。
2. 面訪問卷。
3. 網路問卷。
4. 店內填卷。
5. 郵寄問卷。

6. 發放問卷。
7. 觀察法。
8. 通路商問卷。

（二）質化調查

1. 消費者焦點團體座談會（FGI/FGD）。
2. 一對一深度訪談。
3. 學者、專家座談會。
4. 家庭生活錄影監看法。
5. 家庭使用訪談法（Home Use Test, HUT）。

〈案例〉王品餐飲集團店內填卷市調

- 15個品牌400家門市店。
- 每年來客量超過1,000萬。
- 每月收回80萬張顧客滿意度調查表。
- 進行統計分析及排名。
- 了解15個品牌的顧客滿意與不滿意的比例及問題點。
- 進行改善與加強對策，應作為績效考核依據。

十 「次級資料」來源方法

(一)上網搜尋（國內外網站）。
(二)專業報紙。
(三)專業雜誌。
(四)專業刊物。
(五)政府出版品。
(六)研究機構報告（付費）。

㈦本公司內部資料（POS、資訊部、財會部、營業部）。

㈧同業、跨業上市公司年報及公司資料。

㈨期刊。

㈩專書（商業書籍）。

十一 消費者U&A調查（或稱A&U調查）

（一）消費者使用行為調查（Usage）

1. 使用行為。
2. 消費行為。
3. 購買行為。
4. 媒體行為。
5. 閱讀行為。

（二）消費者態度調查（Attitude）

1. 對產品態度。
2. 對品牌態度。
3. 對企業態度。
4. 認知態度。
5. 喜好態度。
6. 忠誠態度。
7. 使用態度。

十二 市調對象

（一）主要對象：消費者／會員／VIP

1. 一般性消費者。
2. 本公司會員消費者。
3. VIP會員消費者。

（二）次要對象：經銷商、零售商

1. 經銷商、代理商、經銷店。
2. 大型零售商採購人員。

十三 Blind Test（盲測）

1. 盲眼測試、盲眼市調（盲測），將所有的品牌及Logo拿掉，並與其他品牌測試比較。

例如：試吃、試喝、試看、試用、試摸、試穿、試乘等方式。

2. 盲測適用時機：

・新產品開發上市之前。

・既有產品改良上市之前。

例如：食品業、飲料業、酒業等。

十四 HUT：留置家中使用市調法（H: Home; U: Use; T: Test）

廠商將新開發產品留置在選定的消費者家中使用，並加以觀察、記錄的訪談方法。

例如：嬰兒紙尿褲、成人紙尿褲、保養品、小家電。

十五 焦點座談會、集體訪談會（Focus Group Interview, FGI）

（一）何為焦點座談、集體訪談（FGI、GI）

1. FGI: Focus Group Interview（簡稱GI）。
2. FGD: Focus Group Discussion（簡稱GD）。
   - 1位主持人。
   - 6～8位出席訪談的一般消費者。
   - 設定主題。
   - 展開討論。
   - 聽取消費者的想法、看法、意見、觀點、評論。
   - 屬於質化調查法。

（二）消費者訪談＝傾聽顧客心聲

（三）聽取不同意見，才能看得更清楚

（四）定性調查與定量調查的比較

1. 定性調查：客觀性較弱，人數較少。

2. 定量調查：客觀性較強，人數較多。

量化調查、質化調查二合一，係為最完整、周延的調查。

（五）FGI：進行二種方式

1. 委外調查：委託外面專業市調公司進行。
2. 自己親自座談調查：自己行銷部門親自規劃進行。

（六）FGI的P-D-C-A循環

1. Plan（擬定企劃）。
2. Do（實施訪談蒐集意見）。
3. Check（擬寫行銷戰略）。
4. Action（實施戰略）。

（七）招募適合FGI的訪談對象、消費者

1. 請朋友幫忙。
2. 由員工介紹家人、熟人。
3. 活用公司的客戶資料。
4. 在街頭募集。
5. 在網路上募集（社群網站、部落格、臉書、IG）。
6. 學校或機構。

（八）FGI訪談會流程

1. 訪談會主持人自我介紹。
2. 開場白及說明訪談會主題。
3. 介紹受訪者。

4. 進入正題訪談及討論。

5. 訪談結束、支付車馬費。

合計：2～3小時不等。

（九）FGI的訪談主題內容舉例

1. 對新產品概念化的討論。
2. 對新產品試作品的討論。
3. 對新代言人的討論。
4. 對廣告創意的討論。
5. 對Slogan（廣告標語）的討論。
6. 對訂價的討論。
7. 對品牌命名的討論。
8. 對創新服務的討論。
9. 對新事業營運模式的討論。
10. 新產品開發盲目測試。
11. 其他。

十六　委外市調步驟流程

㈠公司有某些市調需求產生。

㈡然後，找來有經驗的市調公司，請他們對需求做簡報及說明目的。

㈢接著，過幾天後，請市調公司提出此次市調的電訪問卷設計初稿或焦點訪問問題初稿。

㈣針對問卷內容進行討論及修正。問卷確定後，連同報價單及合約書，上呈上級裁示。

㈤上級核定後，即由市調公司展開執行（約須3週～1個月時間）。

㈥執行時，可赴市調公司現場參觀及訪視。

㈦市調公司執行完成後，即展開問卷的統計、資料分析及報告撰寫。
㈧報告完成後，即赴本公司做結果簡報並交付報告費。
㈨結案與請款。

十七　有哪些比較有名的市調公司

以下列示幾家比較大的、比較有名的市調公司，以供參考。
㈠尼爾森公司市調部門。
㈡凱度公司（Kantar）。
㈢易普索市調公司。
㈣東方線上公司（E-ICP）。
㈤全國意向民調公司。
㈥創市際公司（網路民調）。
㈦蓋洛普公司。
㈧全方位市調公司。
㈨相關大學附設的民調中心（世新）。
（註：上述㈠～㈢項，爲國內前三大市調公司）

十八　市調公司的委託客戶來源

市調公司的委託客戶來源，大致有三類：
㈠是品牌廠商（廣告主）：這主要都是一些比較大型的外商公司或本土大公司。例如：P&G（寶僑）、聯合利華、統一企業、味全企業、麥當勞公司、中國信託公司、台灣大哥大、TOYOTA汽車等。
㈡是廣告代理商：他們都是為廣告主做市調研究。
㈢是媒體代理商：也是受廣告主委託協助做廣告及媒體效果市調研究。

十九　市調費用概估

一般來說，市調費用比電視廣告費用便宜很多：

㈠ 一場FGI（焦點團體座談會）：約10～15萬元之間。

㈡ 一次1,000人份的全國性電話訪問問卷：約20～40萬元之間。

即使是一般大公司，年度的市調費用也都會控制在100～300萬元以內。這與電視廣告費的幾千萬到上億元，相對便宜很多。

二十　市調的原則及應注意事項

在實務上，行銷人員對市調的執行原則有幾項值得遵循：

㈠ 有些市調，例如：滿意度調查，應該定期做，用較長時間去追蹤市調的結果狀況。

㈡ 市調應以量化調查為主，質化調查為輔。量化調查較具科學數據效益，而且高度比較夠；質化調查則較具深度。

㈢ 市調的問卷設計內容及邏輯性，行銷人員應該很用心、細心的去思考，並且與相關部門人員討論，以收集思廣益之效，並且明確找出公司及該部門真正的需求，以及找到問題解決的答案。

㈣ 針對市調的結果，行銷人員應仔細的加以詮釋、比對及應用。

㈤ 市調應注意到可信度，故對挑選市調公司及監督市調執行，都應加以留意及多加要求。

二十一　網路市調的優點

㈠ 較快速。

㈡ 較省成本。

㈢ 可精準鎖定一些特殊年輕族群。

2 國內案例介紹

〈案例〉某電視購物臺客戶滿意度調查報告

（一）研究設計與方法

調查地區	臺灣地區
調查對象	7～8月消費的客戶
抽樣方法	以購物臺之客戶資料庫為母群體，採分層比例隨機抽樣法
調查方法	電話訪問
有效樣本	1,087份
抽樣誤差	在95%的信賴水準下，全體之抽樣誤差大約在正負3.0%
調查時間	9月10日～13日　18：00～22：00
分析方法	依受訪者基本資料做交叉分析
注意事項	樣本數少於30之調查結果，在引用資料時，需特別注意

（二）結果摘要

題目	調查對象	結果					
1.以您在購物臺的購物經驗，整體來說，請問您滿不滿意購物臺提供的服務	全體受訪者（1,087人）	整體評分 76.89	非常滿意 14.81%	還算滿意 68.72%	不太滿意 8.74%	非常不滿意 2.58%	不知道 5.15%
2.請問您為何不滿意購物臺所提供的服務？（複選）	不滿意購物服務的受訪者（123人）	品質不理想 26.02% 送貨服務做得不好9.76%	商品與電視介紹不同23.58%	退貨服務不好21.95%	售後服務很差11.38%	送貨時間太長10.57%	

（續）

題目	調查對象	結　果
3.針對您最近買的商品來說，請問您為何想買這商品？（複選）	全體受訪者（1,087人）	該（喜歡）商品符合需求61.45%　廣告相當吸引人24.38%　價格比市面上便宜18.22%　商品具有實用性10.3.% 方便／有專人送貨到家5.89%　好奇／想用看看4.51%
4.單純就最近購買的商品來說，請問您滿不滿意？	全體受訪者（1,087人）	整體評分 72.51 非常滿意 14.63%　還算滿意 56.67%　不太滿意 16.38%　非常不滿意 3.5%　不知道 10.30%
5.請問您為何不滿意最近買的商品？	不滿意購物服務的受訪者（216人）	商品與電視介紹不同 36.11%　品質不理想 25.46%　產品有瑕疵 18.52%　使用效果不滿意 17.13% 產品買回後覺得不實用9.26%　衣褲不舒適或尺寸不合 8.33%
6.請問您撥打購物臺訂購專線時，是否每次都有服務人員馬上為您服務？	全體受訪者（1,087人）	是 80.59%　不是 18.03%
7.請問您等候的時間大概多久？	有回答此問題的受訪者（139人）	30秒以上 93.53%　60秒以上 73.39%　120秒以上 60.44%　180秒以上 42.45%　240秒以上 38.13%
8.整體而言，請問您對「訂購專線」服務人員的接電話速度滿不滿意？	有打過訂購專線的受訪者（1,072人）	整體評分 83.99 非常滿意 30.78%　還算滿意 62.87%　不太滿意 3.92%　非常不滿意 0.28%　不知道 2.15%
9.請問您對「訂購專線」服務人員的服務態度滿不滿意？	有打過訂購專線的受訪者（1,072人）	整體評分 85.71 非常滿意 37.41%　還算滿意 57.65%　不太滿意 3.17%　非常不滿意 0.37%　不知道 1.40%
10.請問您對「訂購專線」服務人員在產品解說方面滿不滿意？	有打過訂購專線的受訪者（1,072人）	整體評分 72.15 非常滿意 17.35%　還算滿意 34.98%　不太滿意 7.28%　非常不滿意 0.84%　不知道 39.55%
11.請問您知不知道購物臺有「售後服務專線」電話？	全體受訪者（1,087人）	知道 36.80%　不知道 63.20%
12.請問您是否有撥打過「售後服務專線」電話？	知道有售後服務專線的受訪者（400人）	有 30.25%　沒有 69.75%

（續）

題目	調查對象	結　果
13.請問您撥打售後服務專線，是否每次都有服務人員馬上為您服務？	有撥打過售後服務專線的受訪者（121人）	是 65.92%　不是 34.71%
14.請問您等候的時間大概多久？	有回答的受訪者（121人）	60秒 16.00%　120秒 16.00%　150秒 4.00%　180秒 4.00%　240秒 12.00%　300秒 24.00%　420秒 4.00%　600秒 16.00%　900秒 4.00%
15.請問您對「售後服務專線」服務人員的接話速度滿不滿意？	有撥打過售後服務專線的受訪者（121人）	整體評分 76.69 ｜ 非常滿意 33.06%　還算滿意 44.63%　不太滿意 9.09%　非常不滿意 9.09%　不知道 4.13%
16.請問您對「售後服務專線」服務人員的問題解決能力滿不滿意？	有撥打過售後服務專線的受訪者（121人）	整體評分 72.89 ｜ 非常滿意 21.49%　還算滿意 48.76%　不太滿意 10.74%　非常不滿意 8.26%　不知道 10.74%
17.請問您有沒有接觸過送貨人員，那您對送貨人員的服務態度滿不滿意？	接觸過送貨員的受訪者（731人）	整體評分 83.53 ｜ 非常滿意 30.23%　還算滿意 61.15%　不太滿意 2.33%　非常不滿意 0.82%　不知道 5.47%
18.從訂貨到收到貨物，請問您大概要等幾天？	有回答的受訪者（1,012人）	3天以內 26.38%　4天 14.13%　5天 11.07%　6天 3.06%　7天 31.13%　8天 1.68%　9天以上 12.25%
19.就送貨的速度來說，請問您滿不滿意？	全體受訪者（1,087人）	整體評分 78.71 ｜ 非常滿意 27.69%　還算滿意 55.29%　不太滿意 11.22%　非常不滿意 2.94%　不知道 2.85%
20.請問是否有因購買的商品不滿意而退貨的經驗？	全體受訪者（1,087人）	有 15.18%　沒有 84.82%
21.請問您是以何種方式退貨？	有退貨經驗的受訪者（165人）	自行退貨到倉庫 20.00%　打購物臺服務電話請人來拿 80.00%
22.從您通知到購物臺派人取貨，請問您大概等幾天？	有通知購物臺派人取貨的受訪者（132人）	3天以內 50.76%　4天 7.58%　5天 9.09%　6天 3.79%　7天 14.39%　8天 0.00%　9天以上 9.09%　不知道 5.30%
23.請問您對購物臺派人來取貨的速度滿不滿意？	有通知購物臺派人取貨的受訪者（132人）	整體評分 70.91 ｜ 非常滿意 21.79%　還算滿意 46.21%　不太滿意 1.88%　非常不滿意 11.36%　不知道 7.58%

（續）

題目	調查對象	結　果
24.請問您自退貨日到取得退貨款當中大概間隔多久？	有退貨經驗的受訪者（165人）	3天以內 4天 5天 6天 7天 8天 9天以上 不知道 1.12% 0.61% 1.12% 3.06% 5.45% 47.70% 49.70% 41.82%
25.請問您的教育程度？	全體受訪者（1,087人）	國小以下 國中 高中高職 專科 大學以上 拒答 7.54% 13.16% 47.01% 17.02% 14.35% 0.92%
26.請問您的職業？	全體受訪者（1,087人）	藍領 白領 商店老闆 專業技術人員 學生 家族主婦 退休／無業 70.54% 23.28% 10.40% 5.43% 1.20% 35.51% 5.80% 其他 拒答 0.46% 0.37%
27.請問您是單身還是已婚？	全體受訪者（1,087人）	單身 已婚 拒答 16.38% 83.85% 0.28%
28.請問您家中有沒有9歲以下的小孩？	全體受訪者（1,087人）	有 沒有 拒答 56.21% 43.42% 0.37%
29.請問您全家的平均月收入大約多少？	全體受訪者（1,087人）	3萬元以下 3～6萬元 6～9萬元 9～12萬元 12～15萬元 15萬元以上 拒答 4.32% 25.21% 24.29% 13.89% 6.16% 11.59% 14.54%

自我評量題目

1. 試分析市場調查的重要性何在？
2. 試說明市場調查的九大類別。
3. 試分析市場調查應掌握的原則為何？
4. 試說明問卷調查有哪些方式？請就定量與定性分別說明之。
5. 何謂FGI之中文？
6. 何謂Blind Test？
7. 何謂Home Use Test？
8. 何謂U&A市調？
9. 網路調查的優點何在？
10. 市調的二大目的為何？
11. 試列示國內前三大市調公司為何？

第六篇

網路廣告與網紅行銷綜述

第十一章

網路廣告與臉書行銷概述

一 網路行銷時代，必須學習的七大知識與工具

（一）網路行銷時代必備：社群經營觀念

社群經營是進行網路行銷前的必備概念，一定要先認識如何在網路上進行社群經營，才有辦法使用好工具。

（二）臺灣主流應用社群平臺：Facebook（FB）

FB的使用是絕對要學的網路行銷工具之一，無論是成立粉絲專頁與經營、個人帳號的利用或者投放FB廣告，目前網路行銷有很大的占比會是在FB行銷的使用上。當我們在FB上面開始進行各式各樣的點擊時，其實就是在幫FB累積數據。因為每一個點擊就代表著我們的習慣、行為或興趣，當這些被記錄之後，我們的每一個帳號，就代表著我們可能會做的決定有哪些或消費行為有哪些。

FB廣告投放就是如此產生的。

（三）以圖像溝通為主的新興年輕社群：IG（Instagram）

IG算是一個新興的社群平臺，2012年被FB收購了。IG的特性屬於純照片分享社群，是時下年輕人（15～30歲）最愛用的社群工具。IG未來可能會超越FB的使用性。

（四）全臺最廣為使用的通訊軟體：LINE

LINE是目前臺灣最大的通訊軟體，約有1,800萬用戶，只要有智慧型手機的人，幾乎都會有一個LINE帳號。一般而言，LINE@生活圈及LINE官方帳號均可進行網路行銷。

（五）行之有年的內容行銷平臺：部落格行銷

部落格基本上是內容創作，利用有深度的內容來進行粉絲建立與建立部落客的影響力。網路上有影響力的人，通稱為意見領袖，包括網紅（網路紅人）、知名部落客等均屬之。

（六）全球最大搜尋引擎及聯播網平臺廣告：Google

Google的關鍵字搜尋廣告，是常見的網路行銷之一；另外，最近很普及的Google聯播網廣告平臺，也常被使用。

（七）全球最大影音平臺：YouTube

YouTube已成為全球最大影音平臺。

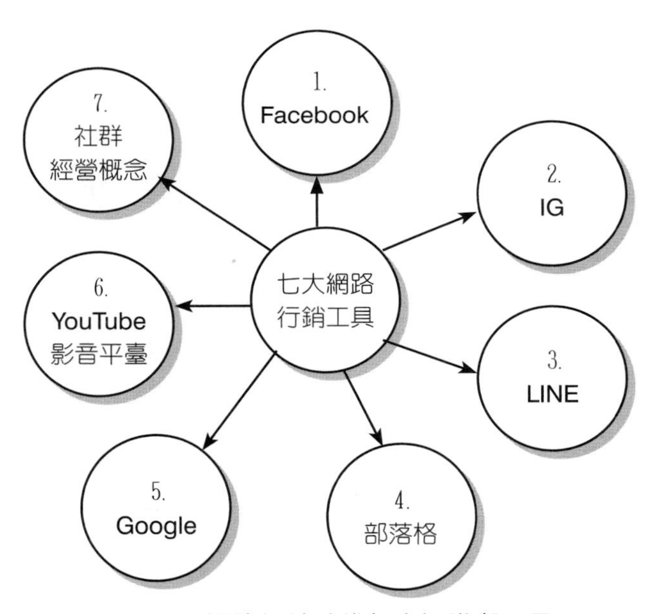

圖11-1 網路行銷時代七大知識與工具

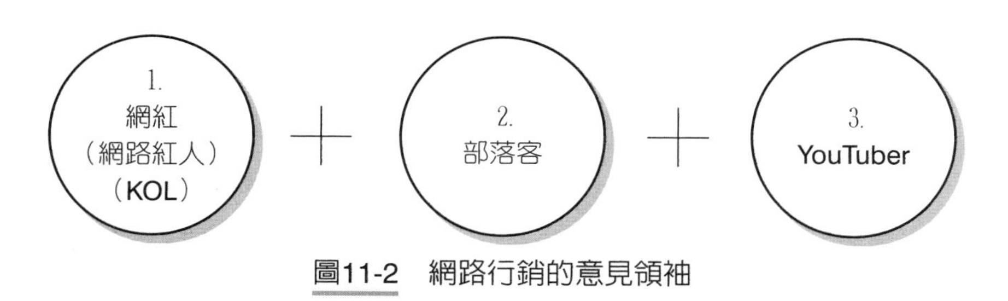

圖11-2　網路行銷的意見領袖

二　下數位廣告前，先了解數位廣告評估的專有名詞

(一) CPM（Cost Per Mille）：每千人曝光成本。FB、IG、Google及LINE均採用此法計價。

公式：每1,000人曝光成本＝廣告成本／曝光量×1,000

例如：某廣告有20,000人看過，花費300元，故每1,000人曝光成本為15元，即每一個CPM＝15元。

(二) CPC（Cost Per Click）：每一個點擊成本。FB、IG、Google、LINE均採用此法計價。

公式：點擊成本＝廣告成本／點擊數

例如：某廣告有800個點擊，花費是100元，800／100＝8，亦即：每一個CPC＝8元。

(三) CPV（Cost Per View）：每一個觀看數的成本。YouTube採用此法計價。

公式：觀看成本＝廣告成本／觀看數

例如：某廣告有10,000人觀看，花費是20,000元，則每一個CPV＝2元。

(四) CPA（Cost Per Action）：每次有效行動的成本。

公式：廣告成本／訂單量

例如：投放了1,000元的廣告，獲得10張有效行動訂單，則每張訂單的成本就是1,000／100＝100，CPA＝100。

適用：這個是電商公司較常使用的公式，但在實體店面較不易使用。

㈤CR（Conversion by Rate）：點擊與成交的比例。

公式：轉換率＝成交單數／點擊數

例如：有1,000個人點擊某個網站連結，成交了20張訂單，轉換率即是20／1,000＝2%，轉換率2%。

㈥ROI或ROAS（Return on Advertising Spending）：廣告投資報酬率。

公式：廣告投放獲取營收／廣告成本

例如：投放1,000,000元的廣告，獲得5,000,000元的營收，ROAS＝500萬／100萬＝5倍。

㈦CTR（Click Through Rate）：點擊率。

公式：點擊率／曝光數

例如：某廣告曝光10,000，有100個人點擊此廣告，故100／10,000＝0.01，CTR為1%。

㈧PV（Page View）：每天的網頁瀏覽總數。

㈨UU（Unique User）：每天不重複的獨立使用者。

㈩UV（Unique Visitor）：每天不重複的訪問者。

⑾CPL（Cost Per Lead）：每筆名單之成本。

公式：名單成本＝名單總成本／名單數

例如：花費500,000元取得1,000人名單，則每份名單成本為500元。

⑿CPS（Cost Per Sales）：每次銷售業績達成之成本。

三 網路廣告的價格實務

在實務上，經作者查詢實務界人士，得知各網路媒體廣告的實際價格區間，茲說明如下。

（一）FB（臉書）及IG

採CPM計價居多些，每個CPM廣告價格約在120～300元之間。

（二）Google聯播網

採CPC計價，每一個點擊價格約在8～10元之間。

（三）YouTube

採CPV計價，即每一個觀看次數價格約在1～2元之間。

（四）ETtoday及udn聯合新聞網等網路新聞

採CPM計價，每個CPM視不同版面位置，廣告價格約在100～400元之間。

（五）OTT TV

採CPM計價，每個CPM價格約在300～400元之間。

四　投入占年總營收的0.5～2%之間

網路廣告的每年度投入總額，大約是年度營收額的5～2%之間：

- 5億營收×2% = 500萬廣告預算。
- 10億營收×2% = 2,000萬廣告預算。
- 20億營收×2% = 4,000萬廣告預算。
- 100億營收×2% = 2億廣告預算。
- 200億營收×0.5% = 1億廣告預算。

五 投入哪些網路媒體

實務上來說，網路廣告量，主要投入在下列十種重要的網路媒體：

㈠ FB（臉書）。
㈡ IG（Instagram）。
㈢ YouTube。
㈣ Google關鍵字。
㈤ Google聯播網。

（㈠至㈤）此五項，占80%網路廣告量之多。

㈥ LINE。
㈦ 新聞網站（ETtoday、udn、中時電子報、NOWnews）。
㈧ 雅虎奇摩入口網站。
㈨ Dcard、痞客邦。
㈩ 其他內容網站。

六 網路廣告金額分配

如果每年度有1,000萬元網路廣告預算可以分配時，大致如下分配：

㈠ FB廣告：200萬元。
㈡ YouTube廣告：200萬元。
㈢ Google聯播網：200萬元。
㈣ 新聞網站：200萬元。
㈤ LINE：100萬元。
㈥ 其他：100萬元。

七 如何成功投放網路廣告？注意十要點！

那麼，空間要如何做？才能成功做好網路廣告的投放呢？主要要注意下列十要點，說明如下。

(一)要確認此次施行的目標及目的。

(二)要確認此次廣告的TA對象、是要給誰看的。

(三)要確認是否有足夠的預算？是否足夠曝光量？

(四)要選擇出適當的、對的、有效的網路媒體組合（Media-Mix）有哪些？

(五)最好要有整套行銷計畫，網路廣告只是其中一環而已，不是全部。

(六)要思考產品是否有足夠的市場競爭力？產品力是否夠強？

(七)網路廣告的呈現，要確定能夠吸引TA去看。包括：圖片、文字、標題、色彩、影片等，均要足夠吸睛。

(八)最好要有促銷、優惠、折扣活動搭配，不要都只是純廣告曝光而已。

(九)網路廣告要連結可以下訂單功能，以利業績提升。

(十)一定要不斷檢討網路廣告活動的成效狀況，以及機動優化與調整網路廣告的整體策略、布局及呈現。不斷追求網路廣告的精益求精，好還要更好。

八 傳統與網路廣告投資預算的占比變比

近十年來，傳統媒體廣告大幅衰退、下滑，而網路（數位）媒體廣告量卻大幅上升，取代了傳統媒體廣告量。這二種廣告量占比有如下顯著變化：

傳統廣告量	VS.	網路廣告量
7	：	3
6	：	4
5	：	5
（占比下降）		（占比上升）

九 素人影音廣告，新的行銷模式

前年網路數位廣告的營收已超過傳統媒體，過去一年多來，我們注意到格外興盛的影音廣告，特別是透過素人（個人或團體）、透過影音直播或影片，陳述對產品的開箱、使用心得，對某些特定族群特別有吸引力。

消費者行為也漸漸改變。以Google的影音平臺YouTube為例，臺灣已多了10位超過百萬粉絲的YouTuber，10萬粉絲以上的YouTuber更暴增100人，顯示臺灣高度接受影音內容，形成網紅與YouTuber的影音產業。

這種趨勢很明顯，許多廣告主開始重視影音對群眾，特別是對年輕人的吸引力，不斷詢問如何透過影音廣告接觸過去難以觸及的消費群眾。

科技在此扮演了重要角色，透過後臺蒐集各種數據，讓企業主掌握廣告影片實際觀看狀況、讓他們有信心，也可以在投放廣告時給予建議。例如：很多用戶看5秒廣告就跳掉，多半是一開始不引起興趣，或是與自己無關，我們可以減少類似的廣告投放，給予其他內容。

另還發現一件有趣的事情，傳統企業主下廣告時有「自己的觀點」，但YouTuber與粉絲自有互動方式，當YouTuber自由發揮、擺脫過去廣告以企業主思維設計時，更有效果。

過去幾年影音流量爆發性成長，企業也從疑惑不解，到現在願意接受新的品牌表現模式，也願意投入更多預算做數位影音行銷。

科技分析數據讓企業主發掘新的潛在市場，最近我們發現，汽車駕駛對於寵物、小孩、家人「無法抗拒」，有汽車品牌設計了一系列寵物與車的影音廣告，反應超乎預期的好。利用科技分析數據、投放精確影音廣告，造就品牌與YouTuber等影音內容生產者的商機，新興的數位行銷以影音模式呈現，形成了新的經濟模式。

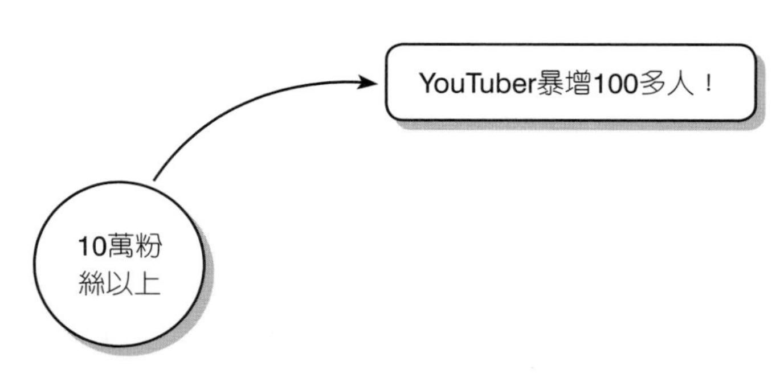

圖11-3　10萬粉絲以上的YouTuber暴增100人

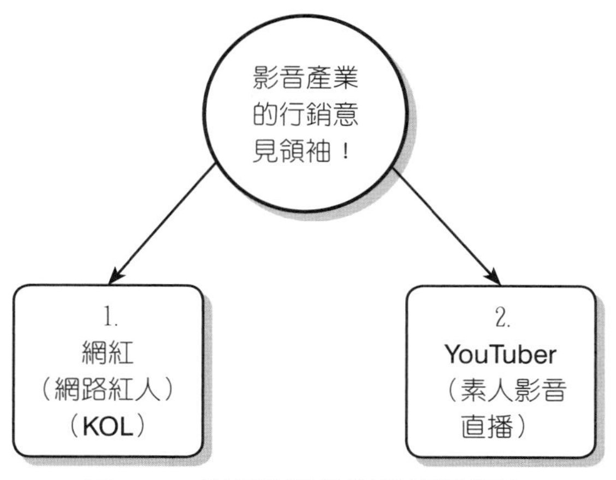

圖11-4　影音產業的行銷意見領袖

十　經營粉絲專頁的四層引導流程

（一）第一層：接觸

在粉絲專頁經營上，第一層目的都是先「接觸」，先想辦法接觸到粉絲，或許是偶然的一篇文章吸引他，這是第一次的接觸。

（二）第二層：提升黏著度

想辦法使粉絲們持續地關注我們，提升黏著度。

（三）第三層：互動

如果有一天，粉絲願意開始與我們互動（按讚、留言、分享），代表著粉絲願意開始用行動支持我們，會更容易吸引他來消費。

（四）第四層：引發購買

最後，才是接收銷售訊息。有些人經營粉絲專頁的盲點，就是只PO營業訊息、銷售訊息，在貼文中毫無互動、溝通，只有冷冷的表達，所以不會有人想要繼續關注，更無法提升黏著度、引發購買。

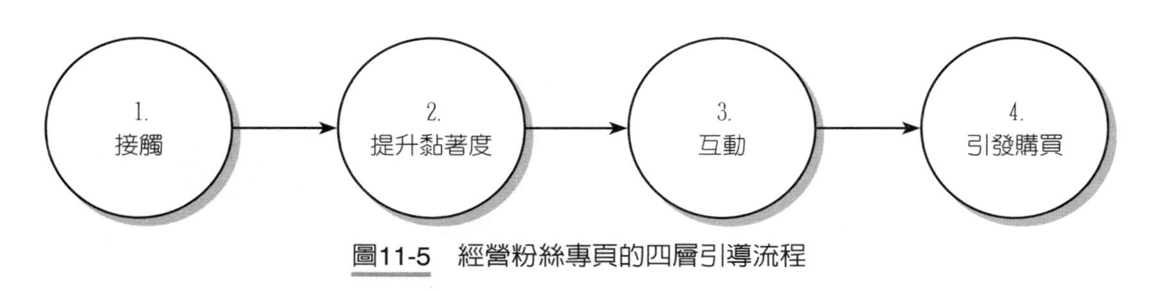

圖11-5　經營粉絲專頁的四層引導流程

十一　經營粉絲團溝通三元素與如何撰寫文案

㈠與粉絲們溝通三元素，即是：1.文案；2.圖片；3.影片。

㈡如何撰寫文案：

1.「標題」是一個引頭，好標題會吸引人想要繼續往下看。只要讀者會被標題吸引，點擊進去，有流量，基本目的就算達成。

2.文案內容掌握三原則：

⑴適時斷句：文字內容太長，會令粉絲懶得看。

⑵文案應「易讀」、「易懂」、「清楚表達」：盡量使用白話文表達，不要用太多專業名詞。

⑶利用貼圖製作視覺效果。

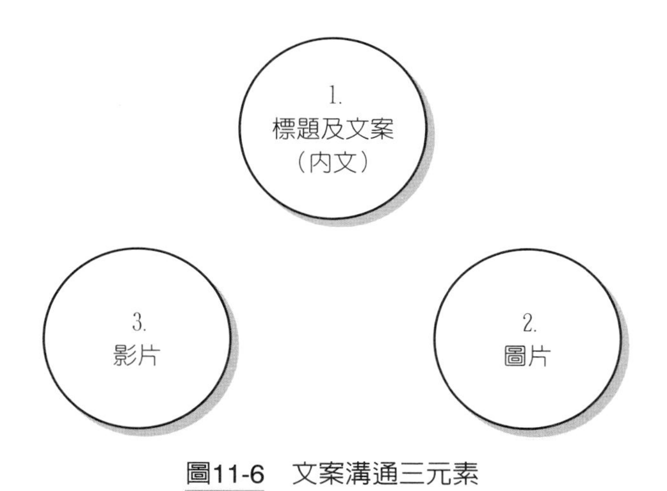

圖11-6　文案溝通三元素

十二　尋找部落客合作之前的八項注意要點

（一）先了解公司及產品的定位與屬性

在找部落客行銷之前，一定要先了解自己公司及產品的定位與屬性，最重要的是客群定位，要先了解自己要的是哪些客群，因為這會攸關要找的部落客，其所經營的族群是不是符合自己要的族群。如果族群不對，那麼行銷效益就無法彰顯出來。

（二）部落客的商業程度考量

部落客行銷是很注重個人形象與信任感的行銷方式，所以部落客本身的公信力及經營方式，都會影響到效益。

如果能夠既商業化又能取得粉絲認同，那就是極為高手的部落客了。

（三）部落客本身的風評

在合作之前，可以搜尋部落客的「名稱 + 負評或爭議」，凡走過必留下痕跡，負評或爭議太多的部落客盡量不配合。

（四）部落客行銷不是萬靈丹

不要期望找部落客來行銷就能立即收到成效，要把他當作一種提升自己網路搜尋度與能見度的一種方式，以長線來經營比較不會患得患失。

部落客文章會留在網路上被搜尋到，對品牌基底自然有一定的幫助。

（五）不要迷信大牌部落客，認真的部落客可優先考慮

以現在的網路生態而言，未必大牌的部落客就比較吃香。最主要是要看他的撰文方式，是否能夠被粉絲所接受。能夠打動粉絲的內容，才是最重要的。

（六）撰文前，先與部落客溝通好內容摘要

最好將品牌想要傳達的訊息與價值先向部落客說明清楚，並且列出摘要與方向，盡量朝闡述品牌價值或理念，或是產品訴求方向撰寫。另外，不要在推銷及價錢上著墨太深。

（七）把公司及產品推上軌道後，再請部落客來推文

部落客行銷屬於口碑行銷，所以產品還是要有真實的好口碑才會長久，因此，應該先做好公司的「產品力」根基，等產品力強大了，再找部落客來撰文，比較會有好效果。

（八）給部落客尊重及應有的報酬

在合理範圍內付出報酬，及給予部落客尊重與發揮空間，是非常必要的，也會有良好的合作關係。

1. 先了解公司及產品的定位及屬性！
2. 部落客的商業程度考量！
3. 部落客本身的風評！
4. 部落客行銷不是萬靈丹！
5. 不要迷信大牌部落客！
6. 撰文前，先與部落客溝通內容摘要！
7. 把公司及產品推上軌道後，再請部落客來推文！
8. 給予部落客尊重及應有報酬！

圖11-7　尋找部落客合作前八項注意要點

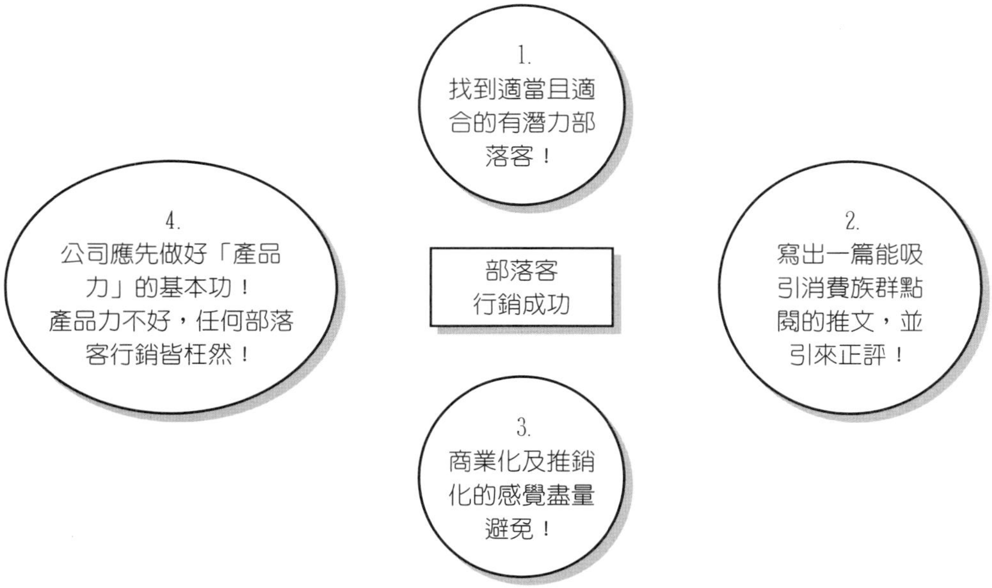

部落客行銷成功

1. 找到適當且適合的有潛力部落客！
2. 寫出一篇能吸引消費族群點閱的推文，並引來正評！
3. 商業化及推銷化的感覺盡量避免！
4. 公司應先做好「產品力」的基本功！產品力不好，任何部落客行銷皆枉然！

圖11-8　部落客行銷成功的關鍵要點

十三　案例——某餐飲店社群行銷術

（一）社群行銷三大元素

某餐飲店透過三大元素：1.產品力；2.店頭魅力；3.文案力，讓其三家餐飲店都能高朋滿座，而且每天都有源源不絕的消費者主動擴散，幫這三家店做正面的口碑行銷。

1. 產品力：獨家特色美食

餐飲店品牌操盤策略當中，最基礎的就是「產品力」，這也是餐飲必備的致勝關鍵，做出差異化的產品，打造亮眼有特色的餐飲商品。

「產品力」就是品牌擴散的基礎元素。

2. 店頭魅力：消費者拍照上傳FB及IG分享

餐飲店有一個行銷祕訣，就是在店鋪設計的時候，把「讓人想拍照」這樣的場景元素設計進去，讓店鋪成為熱門打卡地點，使每個消費者都想「拍照上傳社群媒體分享」，透過這樣的場景設計，讓來店裡的顧客競相拍照並上傳，創造「口碑效果」。

3. 文案力

發文時需要思考「發文目的」及「發文主軸」是什麼？

社群發文有五個目的：

(1)以銷售為目的：希望透過貼文，引發消費者到店消費。

(2)活動訊息：透過舉辦活動讓粉絲參與，建立與粉絲面對面的互動。

(3)分享訊息：透過分享訊息與粉絲互動，建立與粉絲間的情感。

(4)品牌形象：每一則訊息均彰顯對品牌的用心，以及希望跟消費者溝通的事情。

(5)善用顧客見證替品牌加分：顧客使用心得，就是產品的最佳見證。

上述幾個方向可以穿插使用，避免只有單一主題而讓粉絲感到枯燥乏味。

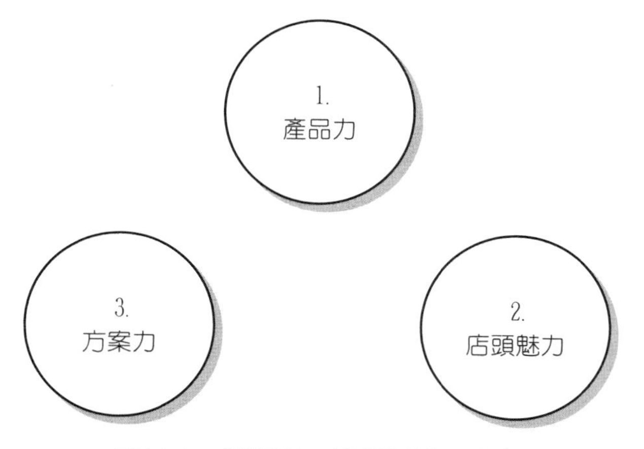

圖11-9　餐飲店：社群行銷三要素

圖11-10　餐飲店：社群發文五大方向

十四　臉書粉絲專頁經營術案例

（一）愛瘦身（按讚人數超過80萬人）

1. 粉絲團經營術

(1)漫畫式貼文（可愛有趣圖案）。

(2)可愛吉祥物操作。

(3)每次貼文、回文的可看性及吸引力。

(4)真心愛你的粉絲。

(5)負責人親自即時回應。

(6)滿足粉絲的需求，解決她們的問題。

(7)能為粉絲創造價值。

(8)要即時回應粉絲，不能讓她們等太久。

2. 對小編的要求

(1)能夠提供減肥、瘦身、健康的專業資訊。

(2)要讓讀者認為小編和她們站在同一陣線，了解她們的需求與問題。

3. 網友要的貼文

(1)簡短。

(2)有趣。

(3)容易讀。

(4)圖片化、影片化、插畫、漫畫。

(5)能將心比心。

(6)有收穫。

4. 一天只發文五次

(1)重質不重量。

(2)用心經營貼文。

(3)要寫出連自己都想分享給別人的好貼文。

5. 貼文轉寄分享出去的數據，列入小編部門的工作績效。

6. 發文品質控管

(1)負責人親自審核。

(2)嚴格發文品管。

(3)重視小編與網友之間的互動品質。

7. 小編的角色：是企業的公關及發言人。

8. 商品上架前，自己親自試用，好產品才會推薦給粉絲。

（二）TT面膜（按讚人數超過30萬人）

TT面膜經營粉絲成功之道，說明如下。

1. 真誠與交心。
2. 營造話題。
3. 話題促銷活動。
4. 貼近互動。
5. 產生價值。
6. 情感連結。

（三）遠東巨城購物中心（按讚人數超過25萬人）

1. 目前團隊有20多人，成員負責粉絲團經營、數位行銷及活動舉辦。
2. 成功經營粉絲要點
   (1)一年舉辦300場活動，現場打卡數累計超過220萬人次。
   (2)客人留言，1分鐘內小編必須即時回覆。
   (3)每位小編發文一篇，必須要有3,000個按讚才行。
   (4)每月公布小編們的英雄榜，觀察哪位小編得到最多按讚次數，進而加以分析理由，激盪創意及靈感。
3. 要將按讚粉絲人數，轉換為實際營收數據效益。

（四）星巴克粉絲經營（200萬按讚人數）

星巴克粉絲經營術，茲說明如下。

1. 要有互動性，強化歸屬感。
2. 要有更多參與、更多涉入及更多情感連結。
3. 舉辦更多實體活動。
4. 發文要有趣、簡單、活潑、分享及有互動感。
5. 組成咖啡同好會，凝聚同好向心力。
6. 適時提供夠分量的好康。

（五）86小鋪（按讚人數超過100萬人）

1. 86小鋪粉絲經營術
   (1)講真話效果比廣告好。
   (2)置入味道少一點。
   (3)產品必須好用，才會口碑相傳。
   (4)不好的產品，會傷害很大。
2. 由部落客寫手帶動銷售業績：有效部落客每篇文章可以帶來幾百、幾千組美妝產品銷售成績。
3. 86小鋪成功方程式
   (1)先在官網上宣傳。
   (2)引導臉書上討論。
   (3)舉辦活動讓人試用。
   (4)再由部落客點火。
   (5)同時推出折扣。
4. 86小鋪全方位操作，以口碑行銷為主，經營FB、入口網站、Google、PTT、部落客、論壇等，並開設實體店。

（六）統一7-Eleven（按讚人數超過300萬人）

7-Eleven粉絲經營術，茲說明如下。

1. 定期推出有感的促銷優惠活動。
2. 隨時有好康可得，吸引FB粉絲目光。
3. FB經營要注入感情，而非只有商業促銷。
4. 專人小編即時發文及回覆。
5. 進一步分析哪些FB促銷活動較有效，以供作為未來參考。

（七）立頓紅茶

立頓紅茶的粉絲經營術，茲說明如下。

1. 問句式PO文，增加留言互動。
2. 時事議題搭配巧妙。
3. 促銷活動訊息吸引。
4. 產品運用多元面向呈現，增加互動性。

第十二章

KOL與KOC網紅行銷

一　何謂KOL與KOC行銷？

(一)所謂KOL行銷，即「Key Opinion Leader」，意即網紅行銷（網路上的關鍵意見領袖）；亦指由網紅在網路平臺上加以推廣產品或品牌的行動。

(二)所謂KOC行銷，即「Key Opinion Consumer」，意即關鍵意見消費者，亦指奈米網紅、微網紅或素人網紅的行銷。KOC的粉絲人數較少，大概只有幾千人到上萬人而已，而KOL的粉絲人數則都為數十萬到上百萬人之多。

(三)有時候，運用KOC微網紅的效益，反而比大網紅KOL更好。因為，微網紅粉絲的黏著忠誠度及互動率比較高。

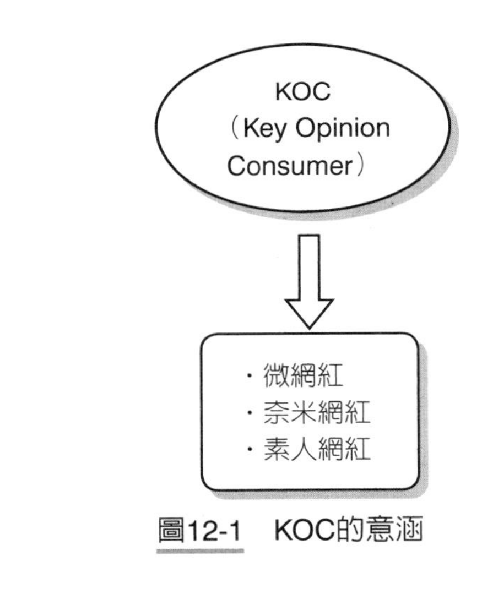

圖12-1　KOC的意涵

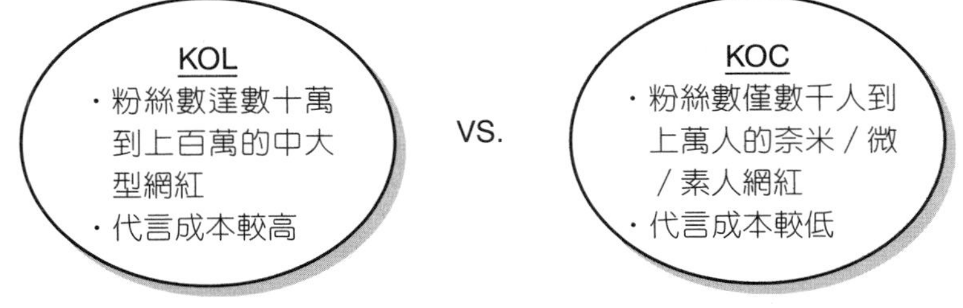

圖12-2　KOL與KOC的差別

二　KOL及KOC行銷的功能目的

廠商使用KOL及KOC的行銷功能及目的，主要有三個：

㈠提高公司品牌的曝光度。

㈡有助打響公司品牌的知名度及好感度。

㈢間接有助業績的提升。

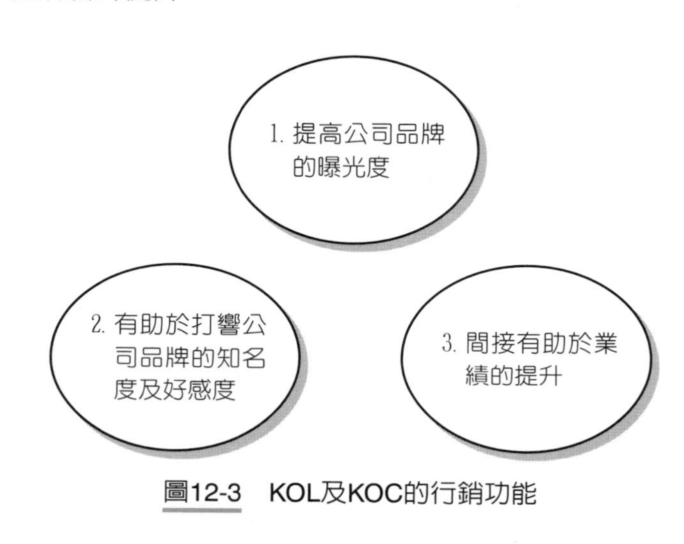

圖12-3　KOL及KOC的行銷功能

三　知名網紅的案例

例如：蔡阿嘎、How How、這群人、486先生、館長、白痴公主、千千、谷阿莫、阿滴英文、滴妹、理科太太、古娃娃、實習網紅小吳、蒼藍鴿、Rice & Shine、joeman等。

四　KOL行銷如何進行？

㈠先找到一家比較知名且有實際經驗的網紅經紀公司，作為委託代理公司。

(二)經告知本公司品牌的現況及目標之後，就請該公司先準備提案。

(三)然後到本公司做簡報及討論後，即可簽訂合約展開行動工作。

五　網紅經紀公司提案內容

一般來說，網紅經紀公司提案的內容，大致包括下列項目：

(一)此案行銷目標／任務。

(二)網紅行銷策略分析。

(三)此案網紅的建議人選及其背景說明。

(四)此案網紅如何操作方式及內容說明。

(五)此案計劃上哪些社群平臺。

(六)此案合作執行期間。

(七)此案經費預算說明。

(八)此案預期效益說明。

(九)合約書內容。

(十)相關附件。

圖12-4　網紅經紀公司提案內容項目

六 KOC的應用

KOC的粉絲群雖然不多，但其在忠程度及互動率上，都比KOL為高。而在行銷應用上，經常以找到20位、50位、100位等KOC來操作，以量取勝，也是最近業界上常見到的應用方式。

圖12-5 KOC的應用

七 KOL與KOC比較

茲用表列方式，比較KOL與KOC之差異如表12-1：

表12-1 KOL與KOC比較

	KOL（關鍵意見領袖）	KOC（關鍵意見消費者）
1. 受從輪廓	較廣	較集中為朋友圈
2. 粉絲數	數十萬～上百萬	數千～一萬
3. 流量與社群影響力	較大	較小（因粉絲較少）
4. 受衆互動數	較弱	較強
5. 名稱	・大網紅 ・中網紅	・奈米網紅 ・微網紅 ・素人網紅
6. 廣宣效果	較具廣度	較具深度
7. 價格	較貴	便宜很多

（續）

續表12-1

	KOL（關鍵意見領袖）	KOC（關鍵意見消費者）
8. 多數合作方式	・品牌透過流量互動找到KOL進行付費業配	・長期分享品牌商品後，被品牌看到，進而合作
9. 兩者差異	・強調廣泛的曝光與流量 ・強調爆破性的品牌銷量	・強調深度的、走心的，吸引消費者去轉換購買

八 KOL與KOC的合作選擇

KOL不管是對一個商品還是品牌來說，都是極好的曝光管道。因為他們擁有極大的流量與觸擊率，因此，若你是剛成立的品牌或是有新的商品要推出，都會建議先以有巨大流量的KOL為首選，這也是上述提到的網紅行銷，而在你的品牌已經曝光一段時間後，開始需要一些更為有深度的討論與內容時，可以再轉向KOC。

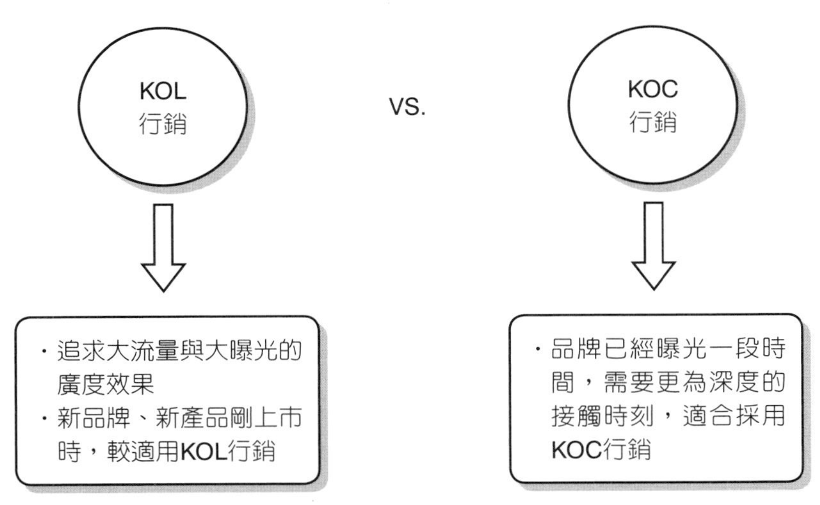

圖12-6 KOL與KOC的合作選擇

九　挑選KOL的質與量指標

（一）質化指標

質化指標有四項，說明如下。

1. 相關性：首先要看這個KOL是否為該產品使用者，以及其本身專長是否與該行業、該產品有相關性。
2. 外貌及品味：KOL在社群平臺上是否有表現出吸引粉絲的外貌及品味，以及她們的外貌及品味是否與品牌契合。
3. 語氣及行為：KOL的用字、語氣及網上行為是否與品牌相契合。
4. 經驗與知識：KOL是不是一個專家、潮流的帶領者，其經驗及知識是否很足夠。

（二）量化指標

量化、數據化指標，包括下列數項，茲說明之。

1. 接觸面（Reach）：這是指KOL潛在可以接觸到的受眾數目；如果是在FB上，會看其跟隨者數目；在YT上則看訂閱者的數目；在個人部落格上就看多少讀者或點擊率了。
2. 參與率（互動率）：這是指粉絲群與KOL的留言、互動率是多少；互動率愈高，表示粉絲們與KOL的關係更加密切、更加認同。
3. 轉發數目：轉發給周邊朋友分享，其效益更加大。

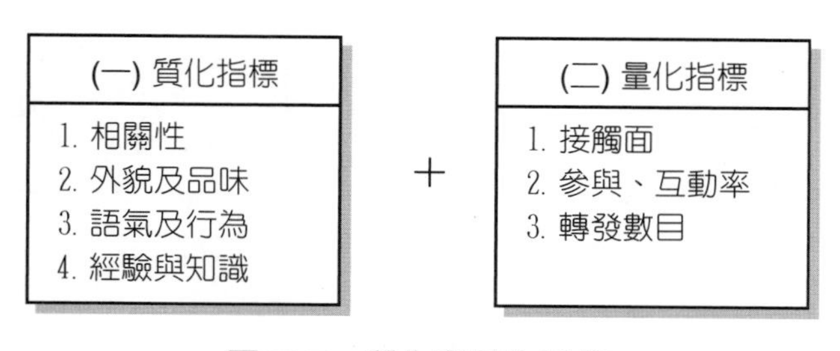

圖12-7　質化與量化指標

十 KOL篩先的普遍準則

除了上述質與量的選擇指標之外，就普遍篩選準則而言，主要看下列四項評估：

㈠ KOL的收費否合理：有些當紅的KOL叫價過高，就不太能選用了，寧可用幾十個、上百個KOC來取代。

㈡ KOL的配合度良好：KOL個人對品牌端的合作度、配合度是否良好，或是KOL本身不好配合，都要考慮。

㈢ KOL的良好形象：KOL不能有負面新聞、緋聞、醜聞等。

㈣ KOL不能太過商業化：有些KOL太商業化、代言大量品牌，太商業化的KOL說服力可能會被打折扣。

圖12-8　KOL篩選的普遍準則

十一 網紅行銷方程式 = KOL×KOC = 大加小的組合

現在網紅行銷有一種趨勢，就是同時並用大網紅和微網紅的大 + 小模式。

KOL與KOC有各自的優缺點，若能交叉搭配使用，透過等級不同的網紅，也能從更多元的角度切入，接觸到更多不同層面的消費者，讓整體效益最大化。

KOL的強項是建立品牌形象，而KOC的強項則是有助導購，若是行銷預算夠的話，二種都選擇並用，其效果可能會更好。

圖12-9　網紅行銷方程式 = KOL×KOC

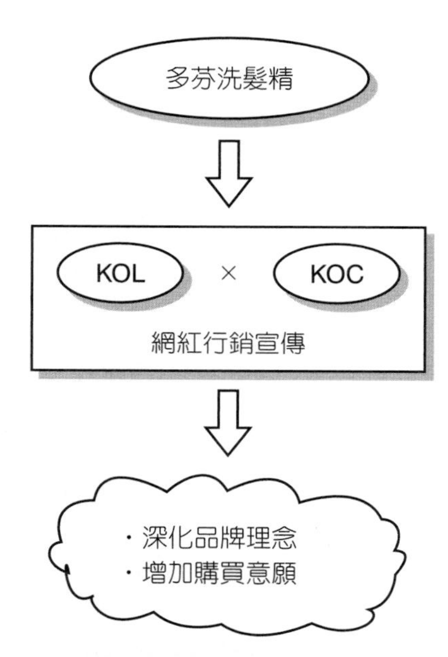

圖12-10　多芬洗髮精善用KOL×KOC行銷宣傳

十二 多芬洗髮精「KOL×KOC」混合推廣，加強宣傳力度

隨著社群媒體逐漸深入消費者日常生活，各大品牌也愈來愈重視網紅行銷；而在選擇網紅時，也不再只和高流量KOL合作，而開始尋找能帶來高互動率的KOC；多芬洗髮精即是一例。

多芬為了宣傳「美的多樣性」，結合多位KOL與KOC共同進行社群媒體宣傳。一方面利用KOL擁有高流量優勢，向大眾廣泛宣傳多芬的品牌理念；另一方面，也利用KOC與粉絲關係緊密的特點，與潛在受眾溝通，不僅讓品牌形象深入人心，而且有利於未來下單購買。

十三 廠商與KOL合作方式

廠商與KOL進行合作的方式有以下數種，詳述如下。

㈠ 業配：給予費用及商品，請KOL進行專業分享。

㈡ 互惠：沒有給予費用，但提供商品或服務，再請KOL進行分享，而讓雙方達到互相擁有的方式。

㈢ 公關品：免費提供自家產品，讓KOL自行選擇要不要分享，但大部分的KOL都會發布一些感謝的現實動態，還是會讓產品產生曝光率達到效益。

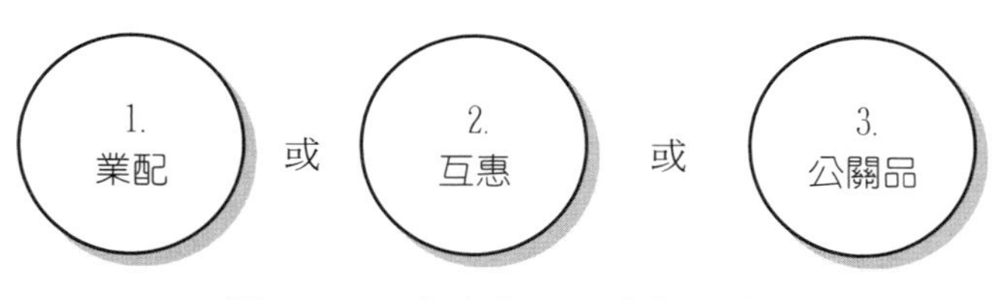

圖12-11 廠商與KOL合作方式

十四　KOL行銷的優勢效益

（一）信用背書

當品牌與信譽良好、擁有專業知識及個人魅力的KOL合作時，品牌可以藉由KOL的推薦，提升品牌聲譽及可信度，並提升品牌被消費者選擇的機率。

（二）公開透明、監控品質

現今很多KOL與品牌的合作文下方，都會標註「合作文」或「業配」等字樣，這類標籤可以防止粉絲對KOL及該品牌的反感或是不信任。

（三）真實性

選擇的KOL如果恰巧也是該品牌或該產品的常用者或愛用者時，更可增加粉絲們對該KOL的推薦文或推薦影音產生真實性的親切感。

（四）話題延燒

一個有創意且優質的KOL行銷合作方案，足可引起話題，而延燒好幾個星期，而且可能會被快速、廣泛的傳播開來。

圖12-12　KOL行銷的優勢效益

十五　自己怎麼做KOC行銷

如果公司本身是大公司或大品牌，不想透過網紅經紀公司仲介，而想自己操作時，其做法有如下五步驟，茲說明之。

（一）步驟1：找到出KOC

想做KOC行銷時，第一步驟就是先找出目標對象的KOC。

品牌端可以先觀察粉絲專頁上積極互動的粉絲有哪些，或是搜尋Hashtag找出經常分享品牌資訊的族群，再將這些粉絲整理成名單，並透過社群媒體的私訊功能聯繫，這一步詢問粉絲本身是否有分享產品的習慣，或是追蹤、加入哪些社團，了解粉絲的分享頻率，可能出現KOC的社群，以藉此獲得KOC的聯絡方式。

（二）步驟2：洽談合作細節

找到KOC或十數個KOC之後，接下來是詢問KOC是否有分享產品的意願；若KOC答應合作，即可開始洽談合作細節，進行簽約流程。

（三）步驟3：展開執行

第三，合作完成後，即按規定時程，進行貼文、貼圖撰寫，或是非常簡易、短秒數影音製拍，然後在三大社群平臺上置放露出。

（四）步驟4：檢視合作成效

KOC透過貼文、限時動態或是直播、短影片等方式曝光產品，品牌方也可以藉由觀察貼文互動人數、最終下單人數、觀看人數等，評估每個KOC的合作成效，以利後續篩選合適的KOC人選。

（五）步驟5：經營長遠合作關係

最後篩選出來的KOC，可以作為品牌方長期合作對象，並確保合作符合成效預期。

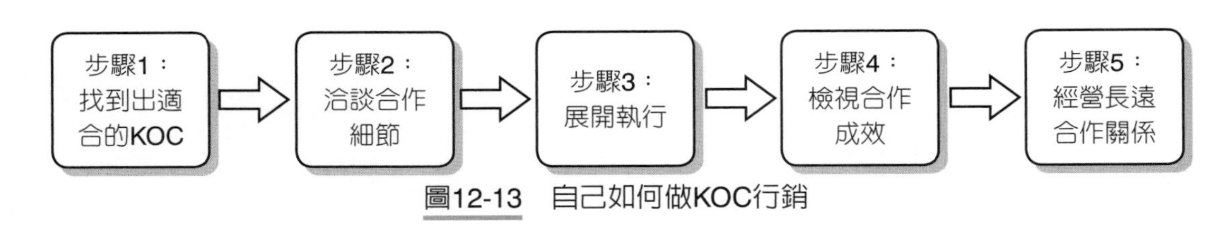

圖12-13　自己如何做KOC行銷

十六　找KOL網紅合作的二種方式

如何找到KOL網紅合作，主要有二種方式。

一是自己來。許多網紅會在自己的社群平臺上，留下自己的e-mail聯絡方式，方便品牌方與其洽談合作。

二是找到經紀代理公司。目前，也有不少網紅經紀公司協助品牌方這方面的專業工作進行規劃。

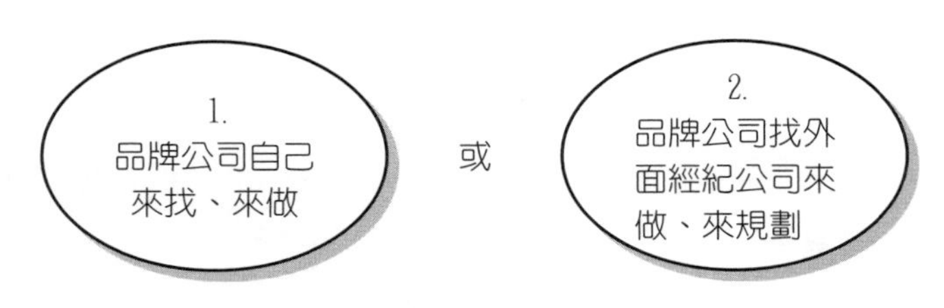

圖12-14　找KOL網紅合作的二種方式

十七　全球KOL行銷的市場規模

根據美國數據，全球KOL行銷市場規模達到140億美元，自2016年以來成長

712%，並且持續壯大中，甚至在2020～2021年新冠病毒疫情肆虐時期，仍舊增加41億美元。

十八　KOL+KOL行銷策略

品牌端可透過不同領域的KOL合作創意企劃進行業配。例如：知名美食YouTuber千千及實驗型YouTuber Hook一起製拍影片，結合大胃王與遊戲挑戰元素，替肯德基做業配行銷。

十九　KOL網紅直播銷售

在2020～2021年，全球新冠疫情期間，不少國內知名大網紅也替品牌端扮演直播銷售的角色，成功開拓出網紅除了會宣傳之外的另一種重要功能；也增加網紅的另外重要收入來源！

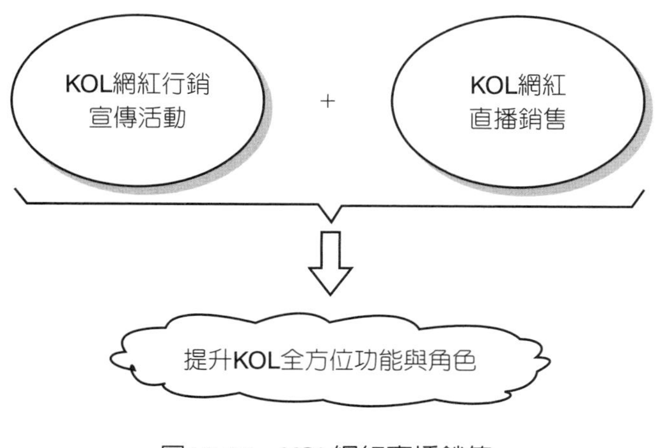

圖12-15　KOL網紅直播銷售

二十　網紅行銷為何如此重要的三大原因

很多行銷專家認為：品牌知名度及品牌口碑評價，是現在行銷最重要的兩個關鍵點。

消費者不喜歡冷冰冰、生硬的純廣告內容，而更仰賴社群網路上的「真實評價」。

另外，還有如下原因：

㈠ 累積搜尋網路評價：很多年輕人在購買某一項東西時，會去網路搜尋這項商品的評價如何，因此，網路評價是不可被忽視的重要一環；而透過網紅的正向行銷，有助於協助企業的口碑變好。

㈡ 提升消費者對產品的信任度及知名度：越多的網紅與使用者分享使用心得，品牌及討論度也會逐步提升，最終網紅行銷的效益逐漸擴散，可達到口碑行銷的效果。

㈢ 提供「消費者的視角」：網紅行銷最重要的一點，便是使用者的角度，以其角度提供消費者的需要資訊，品牌端便可透過網紅這種消費者熟悉的方式，間接與其溝通。當網紅在社群平臺上分享產品時，對粉絲群或讀者們來說，將會更加真實與可信。

圖12-16　網紅行銷為何如此重要的三大原因

二十一　品牌該如何找到最適合、最佳的網紅？

(一)受眾：品牌端一定要對顧客有一定了解，知道他們是誰？他們喜歡什麼？需求什麼？他們的樣貌為何？

(二)互動率：粉絲與網紅的高互動率，代表粉絲重視並期待網紅創作的平臺內容。

(三)公信力：具有公信力的網紅會有死忠粉絲，並且會在某個領域有專業的知識及地位。這種類型的網紅在他們宣傳產品時，會有更好的效果。例如：醫學類的YouTuber蒼藍鴿、科學類的YouTuber理科太太。

(四)內容品質：由於網紅做的內容各有不同，要注意你想宣傳的產品，是否適合他們的風格，以及做出內容的品質是否具有創意及良好品質，而且不會有爭議性。

(五)可信度：注意此網紅個人的表現及個人本身，長期以來是否獲得粉絲們的可信度及信賴度。

(六)關聯契合性：找到對的網紅，並宣傳正確的產品。例如：他是遊戲直播主，就讓他宣傳線上遊戲產品。例如：美食網紅千千，就讓她宣傳食品及餐飲類的產品。

(七)勿業配過多：粉絲們可能不太喜歡過於商業化的網紅，業配太多可能會使網紅信賴度降低。

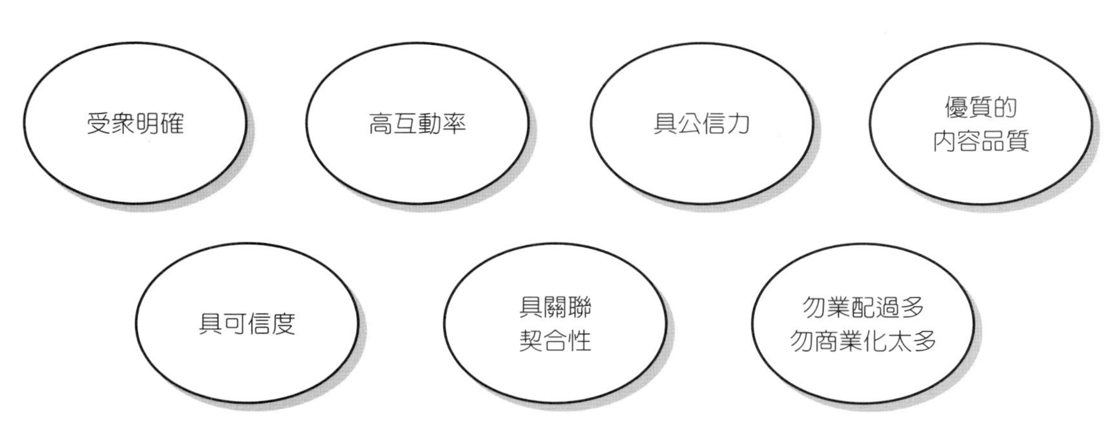

圖12-17　品牌該如何找到最適合、最佳的網紅

二十二 結語

未來幾年，仍將會是KOL及KOC的商業行銷方式應用，運用適合的KOL及KOC行銷及宣傳，確實會為品牌、商品知名度、商品印象度及業績銷售，帶來一定程度的助益。

第七篇

行銷與業務數據分析及損益表分析暨行銷學重點摘要

第十三章

業務（營業）常識與業務數據分析及損益表管理

一　廠商營業通路四種類型

（一）日用消費品類

牙膏、衛生紙、生理品、食品、飲料、雞精、奶粉、洗潔精、洗髮精、沐浴乳、冰淇淋、泡麵等。

通路結構：

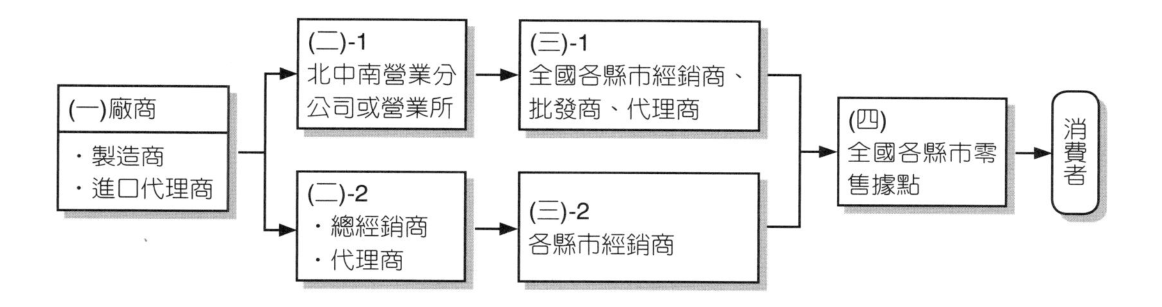

（二）直營門市店、直營專櫃

服飾店、精品店、手機店、餐飲店、內衣、化妝保養品、保健食品等。

通路結構：

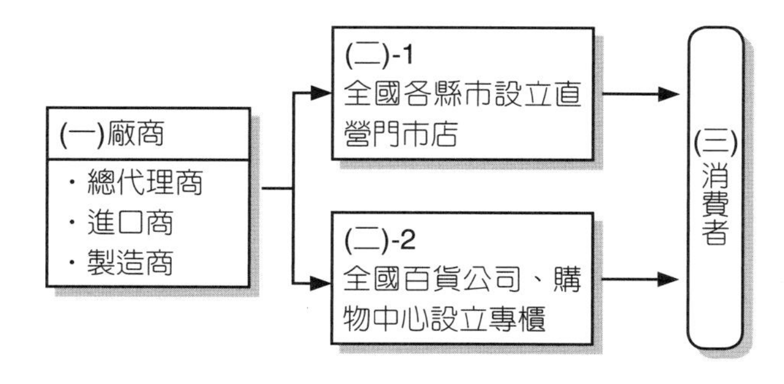

（三）加盟門市店

房屋仲介、餐飲、便利商店、飲料、咖啡、鐘錶等。

通路結構：

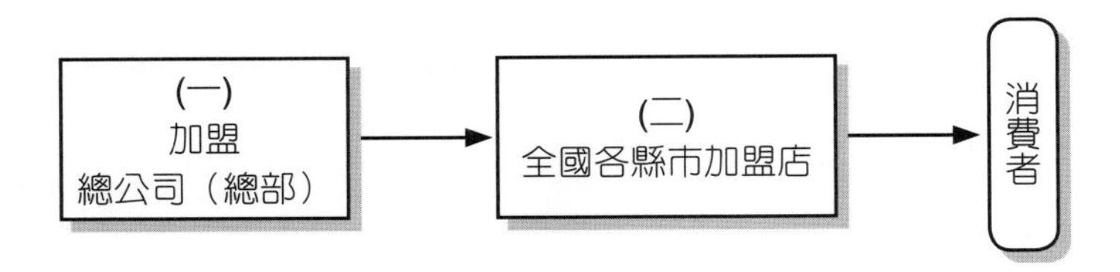

（四）虛擬通路、無店鋪販售

通路結構：

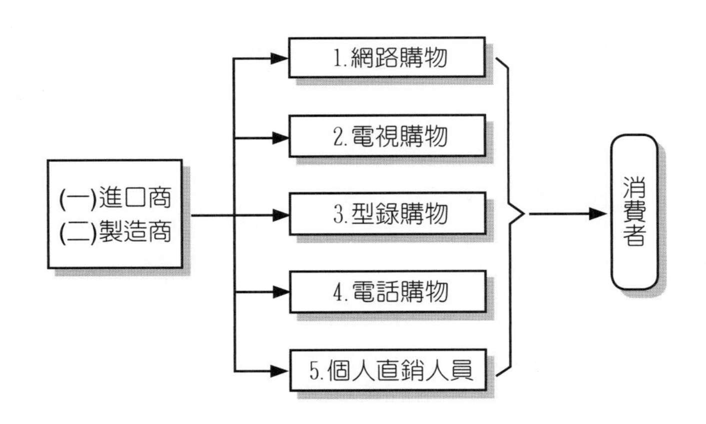

二 廠商每日業績追蹤：POS系統

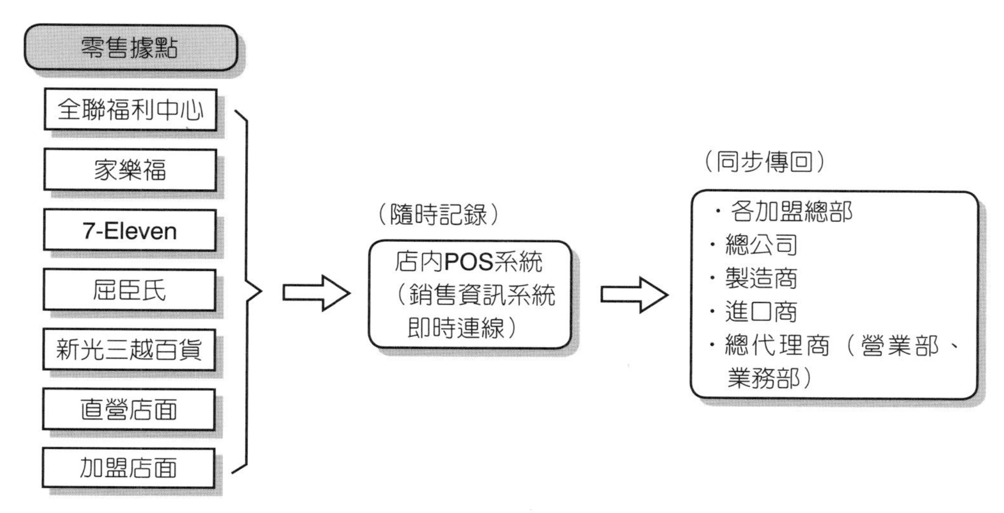

註：POS（Point of Sales）：銷售據點之資訊回饋系統。

三 經由POS每日及累積的銷售分析可得知之事項

(一)整體當月業績好不好？

(二)哪些品項賣得比較好或比較差？

(三)經由哪些行銷通路銷售的狀況比較好？

(四)哪些地區、哪些縣市、哪些據點賣得比較好或比較差？

(五)有促銷期時，會成長多少業績比例？

(六)週一到週日，哪些天的業績比較好或比較差？

(七)新產品上市銷售的狀況為何？

(八)哪些款式賣得比較好？

四　追根究柢：廠商檢討每日、每週、每月、每年的業績分析細節面向（十五個面向）

㈠ 通路分析。
㈡ 地區分析。
㈢ 店別分析。
㈣ 季節別分析。
㈤ 週間別分析。
㈥ 品類、品項分析。
㈦ 品牌別分析。
㈧ 款式別分析。
㈨ 每天24小時別分析（時間別）。
㈩ 男、女客別分析。
⑪ 年齡層別分析。
⑫ 職業別分析。
⑬ 新品、舊品分析。
⑭ 包裝別不同分析。
⑮ 口味別分析。

五　五大比較：銷售業績績效比較分析（每月／每季／每年）

㈠ 時間點：每月、每季、每年。
㈡ 分析重點（五大比較）：

1. 銷售實績與原先預算目標相較，達成率如何？
   例如：LV精品店原定本月預算目標做5億，實績為6億，即超過目標20%，績效良好。

2. 銷售實績與去年同期相較成長率如何？

例如：去年同月分為4億，今年為6億，成長2億，績效良好。

3. 銷售業績與競爭對手比較如何？

例如：本公司當月業績為3億，其他競爭對手均在2～3億之間。

4. 銷售業績與現況市占率為何？

例如：在皮件精品中，本月市占率為20%，比上月的15%又成長5%，績效良好。

5. 銷售業績與整體同業市場成長比較為何？

例如：整體市場成長10%，本公司成長20%，績效良好。

㈢ 每月、每年銷售實績比較：

1. 與預算目標比較。
2. 與去年同期比較。
3. 與現況市占率比較。
4. 與整體同業成長比較。
5. 與主力競爭對手業績比較。

六 業績績效管理機制：銷售預算制度＋獎勵制度

(一) 銷售預算目標制度

1. 每年底要制定下一年度1～12月的銷售業績預算。
2. 每個月要檢討當月業績達成的狀況如何？無法達成的原因為何？以及因應對策為何？

(二) 業績獎勵制度

1. 達成業績預算之店別、個人別、團體別，如何給予獎金？
2. 獎金發放要次月即發，且要即時。

七 範例：銷售檢討表單（○○年6月）

產品別	1.本月分實績	2.本月分預算	3. 1./ 2.=本月分達成率	4.去年6月分實績	5.與去年6月分增減	6.本月預估市占率	7.累積1～6月實績	8.累積1～6月達成率
1.○○產品	$	$	%	$	$	%	$	%
2.○○產品	$	$	%	$	$	%	$	%
3.○○產品	$	$	%	$	$	%	$	%
4.○○產品	$	$	%	$	$	%	$	%
5.○○產品	$	$	%	$	$	%	$	%

八 業績獎勵制度方式（個人＋團體）

㈠個人業績達成率之個人獎金。

㈡團體業績達成率之團體（分公司、分小組、分店別、分館別）獎金。

※主要以個人業績獎金為主，團體獎金為輔。

九 行銷人員如何了解業績不佳之原因分析

上月、上半年業績不佳，未能達成預算或比去年衰退之原因分析如下。

㈠詢問專櫃銷售人員、直營門市店銷售人員意見。

㈡詢問北、中、南分公司或營業所之業務人員意見。

㈢詢問大型零售公司採購人員之意見。

㈣詢問全國各縣市經銷商、經銷店老闆意見。

㈤對消費者或會員進行市調，了解消費者意見。

十 檢討業績衰退的十二個可能原因

㈠新進入競爭者太多。
㈡價格破壞價格競爭。
㈢本公司新品上市偏少、產品力不足。
㈣本公司廣宣預算減少或不足。
㈤行業別整個部門在衰退。
㈥業務人員銷售戰力衰退。
㈦公司獎金誘因制度不佳。
㈧公司通路普及不足。
㈨品牌老化問題。
㈩促銷活動、店頭活動太少。
⑪品牌忠誠度下降。
⑫經濟景氣不佳問題。

十一 業務部門＋行企部門＋其他部門→共同解決問題

㈠面對業績衰退或業績成長慢之事實。
㈡檢討原因為何？
㈢研訂解決對策及解決方案。
㈣展開執行力。
㈤觀察業績是否逐步回升？

十二 檢討業績成長的十八個可能原因

㈠新品上市成功。
㈡新代言人成功。

㈢廣告宣傳成功。

㈣品牌打造成功。

㈤產品力佳。

㈥訂價合理且彈性固定。

㈦經濟景氣佳。

㈧通路布局成功。

㈨促銷活動成功。

㈩品牌年輕化。

⑪行銷預算充足。

⑫先占市場優勢。

⑬銷售人員組織戰鬥力強。

⑭服務力佳。

⑮會員卡實施成功。

⑯業績獎勵制度佳。

⑰行銷因應對策即時。

⑱企業形象良好。

十三　業務人員與行企人員的每天核心工作點

高度重視及掌握每天「數據管理」。

十四　行銷企劃人員應懂哪些數據管理

㈠銷售業績數據：每月、每週、每天銷售數據掌握，進而執行數據分析及因應對策。

㈡損益表數據：每月、每季、每半年、每年的損益（獲利或虧損）數據之掌握、分析及因應分析。

㈢每日、每月來客數，客單價數據。

㈣每半年／每年顧客滿意度市調報告數據。

㈤品牌知名度、喜好度、好感度、忠誠度調查數據（品牌健康度調查）。

㈥服務滿意度調查數據。

㈦新品上市且成功之數據。

㈧整個產品組合銷售占比分析數據。

㈨直營門市店、專櫃數量成長數據。

㈩市占率變化數據。

⑪業績比去年成長或衰退數據。

⑫主力競爭對手各項數據的變化。

⑬整個市場與行業整體數據的變化。

十五　行企人員在數據分析中的四大洞見

行企人員針對數據分析、數據檢討的四大洞見如下：

㈠要看出：成長率多少？成長金額多少？衰退率多少？衰退金額多少？

㈡要看出：各種角度的比較性如何？各種面向的比較性如何？

㈢要看出：個體與整體之間的變化如何？

㈣要看出：自己與競爭對手的比較及變化如何？

十六　任何一家公司老闆最重視的數據

㈠業績（營收）與獲利（淨利）：業績有沒有達成？獲利有沒有達成？

㈡運用價格優惠，達成業績目標，但損及利潤。在與外部同業競爭激烈下，須注意為達成業績目標，業務部可能採取降低售價或折扣優惠措施，但這會影響到最終獲利額目標的達成。

㈢當然，公司老闆還有另一個重要目標：每年營收業績及市占率進入同業前三大，邁向第一大公司、第一品牌！

十七　了解日用消費品「業務人員」的工作內容

業務員、零售商採購人員之工作內容如下：

㈠新品上架洽談。

㈡訂價洽談。

㈢促銷活動洽談。

㈣陳列洽談。

㈤出貨、退貨事宜。

㈥結帳、請款事宜。

㈦市場資訊打聽事宜。

㈧其他相關事宜。

十八　對日用消費品行業而言，決定業績的三個力量

（一）品牌力（行銷部任務）

1. 打造品牌知名度。
2. 打造品牌好感度。
3. 代言人行銷策略。
4. 廣告宣傳投入。
5. 公開活動與報導。
6. 企業形象良好。
7. 網路粉絲多。

（二）賣場力（業務部及行銷部任務）

1. 各賣場要普及上架。
2. 店面POP廣宣布置。

3. 店頭好的陳列布置及位置。
4. 店頭包裝促銷活動安排。
5. 配合賣場定期促銷活動。

（三）價格力（業務部及行銷部任務）

1. 定期的價格優惠活動。
2. 價格要合理、適宜。
3. 價格要有物超所值感。

十九　行企＋業務：團結力量大

行企是頭腦，業務（營業）是手腳，團結一致整體行銷才會成功！

二十　了解及分析公司是否賺錢？——認識損益表

（一）每月損益表——看公司是否賺錢

公司別／產品別／品牌別／分公司別／分店別　　○○年○○月

項目	金額	百分比	
1.營業收入	$00000	%	
2.營業成本	($00000)	%	（成本率）
3.營業毛利	$00000	%	（毛利率）
4.營業費用	($00000)	%	（費用率）
5.營業損益（獲利或虧損）	$00000	%	（淨利率）

（二）什麼是營業收入

1. 營業收入又稱為營收額或銷售收入，也是公司業績的來源。
2. 營業收入＝銷售量×銷售單價

例如：某飲料公司

每月銷售	1,000,000瓶
×	20元（每瓶價格）
	2,000萬營收額

例如：某液晶電視機公司

每月銷售	50,000臺
×	15,000元（每臺價格）
	7.5億營收額

（三）什麼是營業成本

1. 製造業：製造成本＝營業成本

例如：一瓶飲料的製造成本，包括：瓶子成本、水成本、果汁成本、加工製造成本、人工成本、貼標成本等。

2. 服務業：進貨成本＝營業成本

例如：王品牛排餐廳進貨成本，包括：牛排、配料、主廚薪水、現場服務人員成本等。

（四）什麼是營業毛利

營業收入	$2,000,000元
－營業成本	$1,700,000元
營業毛利	$ 300,000元

（五）合理的毛利率

正常：30～40%之間（例如：消費品）。

高的：50～70%（例如：名牌精品）。

低的：15～25%（例如：3C產品）。

（六）什麼是營業費用

1. 營業費用又稱管銷費用（即：管理費＋銷售費用）。
2. 包括：董事長／總經理薪水、辦公室租金、總公司幕僚人員薪水、業務人員薪水、健保費、國民年金費、加班費、交際費、水電費、書報費、廣告費、雜費等。

（七）什麼是營業淨利

營業毛利	$1,000,000元
－營業費用	$ 900,000元
營業淨利	$ 100,000元（月）

（即獲利、賺錢）

（八）合理的獲利率（淨利率）

正常：5～10%之間（例如：一般日用消費品）。

高的：15～30%（例如：名牌精品）。

低的：2～5%（例如：零售業）。

（九）舉例：某食品飲料公司（製造業）

〇〇年〇〇月

項目	金額	百分比
1.營業收入	2億	100%
2.營業成本	（1.4億）	70%
3.營業毛利	6,000萬	30%
4.營業費用	（5,000萬）	25%
5.營業損益（獲利或虧損）	1,000萬	5%

當月獲利1,000萬元。

（十）舉例：某服飾連鎖店公司（進口商）

〇〇年〇〇月

項目	金額	百分比
1.營業收入	1億	100%
2.營業成本	（7,000萬）	70%
3.營業毛利	3,000萬	30%
4.營業費用	（3,500萬）	35%
5.營業損益	－500萬	－5%

當月虧損500萬元。

（十一）從損益表上看，為何虧損

四大可能原因：

1. 營業收入不夠（銷售量不足）。
2. 營業成本偏高（成本偏高）。
3. 營業毛利不夠（毛利率偏低）。
4. 營業費用偏高（費用偏高）。

故：致使公司當月或當年度虧損不賺錢。

（十二）營業收入為何不夠

1. 產品競爭力不夠。
2. 訂價策略不對。
3. 通路布置不足，據點不足。
4. 廣宣不夠。
5. 品牌知名度不夠。
6. 行銷預算花太少。
7. 市場競爭者太多。
8. 門市地點不對。
9. 品牌訂價錯誤。
10. 缺乏代言人。
11. 尚未形成規模經濟效益。
12. 不能真正滿足消費者需求。
13. 其他競爭力項目不足。

（十三）全公司或某產品虧錢，都是多方因素引起的

全公司虧錢、某產品線／某品牌虧錢，絕對不是單一因素引起的，而是多方面因素引起的，必須全方位檢討反省及改善（包括長期改善對策及短期改善對策）。

（十四）從損益表上看，公司為何賺錢

四大可能原因：

1. 營業收入足夠（業績好、成長高）。
2. 營業成本低（製造成本低）。
3. 營業毛利足夠（毛利率足夠）。
4. 營業費用低（費用低）。

故：致使公司當月或當年度獲利賺錢。

（十五）三大部門通力合作

㈠產品研發部、行銷企劃部與業務部（營業部）三大部門，促成及影響公司獲利賺錢與否。

㈡產品力佳、行銷力好、業務力強大，必使公司獲利！

㈢所以公司必須：

1. 壯大研發，提升產品競爭力。
2. 重視行銷操作，提高整合行銷傳播戰鬥力，打造好品牌。
3. 打造業務銷售人員與銷售組織戰力，全面提升業績。

（十六）廠商應走向高CV值商品

現代企業強調：打造高CV值商品，不要陷入低價格紅海競爭，否則利潤很微薄。（C/V：Cost/Value，強調高價值的產品設計、功能及品質。）

第十四章

行銷學重點摘要、關鍵字匯總暨行銷學致勝完整架構彙整圖示

1 行銷學重點摘要

（一）第1堂課：顧客導向

1. Customer-Oriented。
2. 以顧客為核心點！
3. 發現顧客需求→滿足需求→創造需求！
4. 永遠走在顧客前面幾步！
5. 融入顧客情境，永遠堅持顧客第一、顧客至上！
6. 洞悉顧客的需求及顧客的期待，為顧客創造更多利益（Benefit）及附加價值。
7. 公司的目的，就是在創造顧客！
8. 永遠把顧客放在利益之前！
9. 以顧客需要什麼、喜歡什麼、想要什麼為最優先的出發點！
10. 永遠要比顧客還了解顧客！
11. 使顧客滿意、更滿意！滿足、更滿足！就可以贏得顧客的心！

（二）第2堂課：市場環境變化分析與應對

1. 市場環境的種類：
   (1) 經濟與景氣環境變化。
   (2) 科技、技術環境變化。
   (3) 人口、社會環境變化。
   (4) 競爭者環境變化。
   (5) 消費者環境變化。
   (6) 整個市場環境變化。

(7) 上游供應商環境變化。

(8) 下游通路商環境變化。

2. 各種環境變化，會對企業帶來：

(1) 潛在商機。

(2) 潛在威脅。

・如何掌握、抓住商機及如何避掉威脅。

3. 面對外界環境變化，如何「快速決策」+「快速應對」，則是行銷的重心所在。

例如：各種環境變化及趨勢，出現少子化、老年化、電商（網購化）、5G化、AI化、單身化、晚婚化、連鎖化、外食化、數位化、行動（手機）化、網路化、社群化、虛實整合化、多品牌化、促銷活動化、M型化、跨業競爭化、無線化、電動化、省電化、宅經濟化、快送／外帶化、旅遊化、美食化等。

4. 掌握市場環境風向及不同時代的脈動、趨勢很重要。

（三）第3堂課：S-T-P架構建立

1. S：Segment Market Segmentation，區隔市場、市場區隔、主攻哪個市場。

2. T：Target Audience（TA；鎖定目標消費族群、客層）。

3. P：Positioning，產品定位、品牌定位。

4. 價格（高、中、低價位）經常被用來做區隔市場的變數。

5. 人口統計變化：

包括：性別、年齡層、所得別、職業別、學歷別、家庭結構別等6項。

6. 例如：優衣庫（UNIQLO）

S：主攻平價服飾市場（以價格為區隔變數）。

T：以學生及年輕上班族為銷售對象（TA）。

P：定位在來自日本優質且平價的國民服飾。

7. 市場大小的變化：

(1) 大眾市場已不存在。

(2) 分眾市場、小眾市場成為主流。

(3) 縫隙市場、利基市場（Niche Market）也是可以存活的。

例如：好來牙膏擁有高市占率，但是：

・舒酸定牙膏切入抗敏感牙膏小眾市場。

・德恩奈牙膏切入兒童用牙膏及夜用型牙膏的小眾市場。

例如：統一泡麵擁有高市占率，但是：

・乾拌麵切入分眾市場。

・韓式泡麵加入小眾市場。

（四）第4堂課：行銷USP建立

1. USP：

(1) Unique Sales Point（獨特銷售賣點）。

(2) Unique Selling Proposition（獨特銷售主張）。

2. USP也可視為：產品應具有獨特性、獨一無二性、差異化、特色，才能在同質化產品中突出、冒出頭來。

3. 品牌案例：

(1) CITY CAFE：方便、快速、平價、好喝咖啡，與星巴克不同。

(2) Dyson吸塵器：無線、輕量、吸力強，有家電中LV之稱號。

(3) 特斯拉：電動汽用，與加油汽車不同。

(4) Gogoro：電動機車。

(5) foodpanda：30分鐘內快速送餐點、送雜貨品到家。

(6) momo：網購第一名，臺北市6小時宅配到家。

4. 擁有獨特性、差異化、特色化，才能避免陷入低價、低利潤的紅海市場。

（五）第5堂課：行銷4P組合延伸到行銷4P/1S/1B/2C組合策略

1. 行銷的主力操作內容，即是行銷4P四項組合。包括：

(1) Product：產品力、產品策略。

(2) Price：定價力、定價策略。

(3) Place：通路力、通路策略。

(4) Promotion：推廣力、推廣策略。

2. 推廣力：包括促銷、廣告、宣傳、公關、體驗、公益、集點、會員卡、人員銷售等。

3. 後來延伸到4P/1S/1B/2C的八項行銷組合，如下：

・1S：Service，服務力，服務策略。

・1B：Branding，品牌力，品牌策略。

・2C：CSR（企業社會責任）、CRM（顧客關係管理，即會員經營術）。

4. 也有人說行銷5P組合，即：行銷4P + People Sales（人員銷售組織戰鬥力）。

5. 行銷4P對照4C：

(1) Product（產品力）→Customer Value（提升產品的價值性）。

(2) Price（定價力）→Cost Down（力求成本下降，使降價回饋）。

(3) Place（通路力）→Convenience（方便性、便利性買得到商品）。

(4) Promotion（推廣力）→Communication（做好傳播溝通、傳播廣告）。

（六）第6堂課：產品力與產品策略

1. 真正好產品的要件：

(1) 高品質、穩定的品質。

(2) 功能強大、有效果。

(3) 耐用年限長。

(4) 好的設計美感。

(5) 包裝材質好。

(6) 產品好用、好看。

(7) 使用容易。

(8) 品項、容量多元化、選擇性多。

(9) 對消費者有利益點。

(10) 有較長的保固期。

(11) 用高檔的原物料。

2. 產品的3種層次：

(1) 核心產品（產品利益點）。

(2) 有形產品。

(3) 擴張性產品（指服務）。

3. 產品策略：

(1) 單一化策略。

(2) 多元化、齊全化、多樣化策略。

4. 產品線（Product Line）、產品組合（Product Mix）。

5. 公司擁有四種賺錢與虧錢的產品狀況（PPM）：

(1) 金牛產品（賺錢）。

(2) 明日之星產品（賺錢）。

(3) 問題兒童產品（虧錢）。

(4) 落水狗產品（虧錢）。

（七）第7堂課：定價力與定價策略

1. 定價的首要原則：消費者要有物超所值感。

2. 高CP值：$\frac{\text{Performance}}{\text{Cost}} > 1$，高性質價比：$\frac{\text{性能}}{\text{價格}} > 1$，高CV值：$\frac{\text{Value}}{\text{Cost}} > 1$

3. 影響定價的要素：

(1) 成本多少。

(2) 產品被需求性。

(3) 產品獨特性、差異化。

(4) 產品定位。

(5) 看競爭對手價格。

(6) 看產品生命週期。

(7) 看市場經濟景氣與供需狀況。

(8) 看品牌力程度。

4. 定價策略：

(1) 奢侈品極高定價策略。

(2) 高定價策略。

(3) 中價位策略。

(4) 平價（低價）策略。

5. 定價方法：

(1) 成本加成法（加成率50～200%）。

(2) 威望名牌定價法。

(3) 尾數心理定價法（99、199、299、990元）。

(4) 差別定價法。

(5) 組合定價法。

(6) 價值定價法。

6. 價格與損益表：

(1) 看每月是否賺錢或虧錢的一張財報。

(2) 公式：

　營業收入
－營業成本（成本率）
　營業毛利（毛利率）
－營業費用（費用率）
　營業損益（獲利率）
±營業外收支
　稅前損益

(3) 毛利率：平均30～40%。

獲利率：平均3～15%。

（八）第8堂課：通路策略

1. 通路力係指：能夠將產品上架到主力零售連鎖店內陳列；並爭取到好的陳列位置及陳列空間。

2. 國內主力實體零售連鎖通路，包括：

(1) 便利商店：

・統一超商7-Eleven（6,600店）。

・全家（4,000店）。

・萊爾富（1,300店）。

・OK（800店）。

(2) 超市：

・全聯（1,100店）。

・美廉社（800店）。

(3) 量販店：

・家樂福（350店）。

・COSTCO（14大店）。

(4) 百貨公司：

・新光三越（19館）。

・SOGO（8館）。

・遠東百貨（10館）。

・微風百貨（6館）。

・統一時代（2館）。

・京站百貨。

・101百貨。

・BELLAVITA百貨。

・漢神百貨（高雄）。

(5) Outlet：

・三井Outlet（新北林口及臺中、臺南、臺北南港）。

・華泰。

・禮客。

・義大。

(6) 藥妝、美妝：

・屈臣氏（550店）。

・寶雅（250店）。

・康是美（400店）。

(7) 3C家電：

・燦坤。

・全國電子。

・大同3C。

・順發。

(8) 書店：

・誠品。

・金石堂。

3. 國內主力電商（網購）通路：

(1) momo（第一大）。

(2) 蝦皮（第二大）。

(3) PCHome（第三大）。

(4) 雅虎奇摩（第四大）。

(5) 創業家兄弟（生活市集）。

(6) 博客來。

4. 國內電視購物通路：

(1) 東森購物。

(2) momo。

(3) viva。

5. 通路策略：

(1) 多元化、多樣化的通路上架策略，使消費者能更快速、方便、便利的買到商品。

(2) 建立與零售商良好的人脈關係，才能保有好的上架能力。

6. 通路商主要有二種：

(1) 全臺經銷商。

(2) 全臺零售連鎖商。

（九）第9堂課：推廣力與推廣策略

1. 推廣的目的：

(1) 打造、維繫品牌力。

(2) 提振、達成業績力。

2. 推廣操作手法：

(1)記者會／發布會。

(2)電視廣告。

(3)代言人行銷。

(4)網路廣告／手機廣告。

(5)手機簡訊／官方帳號廣告。

(6)官方FB／IG粉絲專頁經營。

(7)促銷活動。

(8)體驗行銷。

(9)KOL網紅行銷。

(10)運動行銷。

(11)集點行銷。

(12)紅利集點。

(13)聯名行銷。

(14)會員卡行銷。

(15)直效行銷。

(16)公益行銷。

(17)戶外廣告。

3. 媒體廣告增減狀況：

(1) 電視廣告（TVCF）持平。

(2) 網路／手機／數位廣告增加。

(3) 報紙廣告減少。

(4) 雜誌廣告減少。

(5) 廣播廣告減少。

(6) 戶外廣告持平。

4. 最受歡迎的促銷做法：

(1) 買一送一。

(2) 全面八折、全面五折。

(3) 滿千送百、滿萬送千。

(4) 滿額送贈品。

(5) 買二件算八折。

(6) 第二件算六折。

(7) 百萬大抽獎。

(8) 刮刮樂。

(9) 送折價券。

5. 主力活動檔期：

(1) 年終慶（週年慶）（10～11月）。

(2) 年中慶（6月）。

(3) 母親節（5月）。

(4) 春節過年（農曆1月）。

(5) 父親節（8月）。

(6) 中元節（農曆7月）。

(7) 聖誕節（12月）。

(8) 中秋節（農曆8月）。

(9) 端午節（農曆5月）。

(10) 七夕情人節（農曆7月）。

(11) 開學季（9月）。

（十）第10堂課：服務力與服務策略

1. 服務力，專指售後服務為主力。
2. 服務包括：免費宅配到家、免費退貨、七天鑑賞期、免費保固期、保證、無息分期付款、免費安裝、12小時客服中心專人接聽、客服門市店、免費專人接送服務到家等。
3. 服務力原則：快速的、有效的、貼心的、用心的、溫馨的、高檔的、專人的、親切的、令人感動的服務守則目標。
4. 有好的服務，才會帶來好口碑！
5. 好產品＋好服務＝好的口碑！
6. 服務已成為打造產品力的一環。

（十一）第11堂課：品牌力與品牌策略

1. 有品牌力，產品才會有好的銷售成果；沒有品牌力，就很難銷售。
2. 品牌力＝品牌資產，品牌資產內涵，包括：
   (1) 高品牌知名度。
   (2) 高品牌好感度。
   (3) 高品牌指名度。
   (4) 高品牌信賴度。
   (5) 高品牌忠誠度。
   (6) 高品牌黏著度。
   (7) 高品牌情感度。
3. 想擁有品牌心占率（Mind Share）與市占率（Market Share），要先爭取高的心占率，才會有好的市占率。
4. 品牌元素規劃：
   先做好品牌的：
   (1) 品牌名稱命名。
   (2) 品牌精神與個性。
   (3) 品牌願景與核心價值。
   (4) 品牌Logo設計。
   (5) 品牌承諾。
   (6) 品牌美學。
   (7) 品牌定位。
   (8) 品牌Slogan。
   (9) 品牌風格。
   (10) 品牌故事。
5. 品牌必須避免老化，保持品牌永遠年輕化，尤應重視品牌持續性創新。

（十二）第12堂課：行銷預算說明

1. 行銷預算係指品牌廠商為維持品牌曝光度及協助業績目標達成的一個預算

金額。

2. 此金額大致以年度營收額的1～8%為基準而設定。

(1) 年營收30億×2% = 6,000萬元。

(2) 年營收20億×2% = 4,000萬元。

(3) 年營收100億×2% = 3億元。

3. 行銷預算使用項目：

(1) 80%用在廣告費用。

(2) 20%用在各種行銷活動，如記者會、體驗活動、公益活動等。

4. 國內廣告費用花最多的前十二大品牌公司（平均每年花1～3億電視廣告費）：

(1) 臺灣花王。

(2) 麥當勞。

(3) TOYOTA汽車（和泰）。

(4) P&G公司。

(5) 聯合利華公司。

(6) 統一企業。

(7) 統一超商。

(8) 黑人牙膏（好來牙膏）。

(9) 佳格食品公司。

(10) Panasonic。

(11) 普拿疼藥品。

(12) 全聯超市。

（十三）第13堂課：各媒體分析

1. 電視媒體：

(1) 有線電視臺（十大電視臺）：三立、東森、TVBS、緯來、中天、八大、福斯、年代、非凡、民視。

(2) 無線電視臺（四家）：華視、中視、台視、民視。

2. 報紙媒體：

(1) 三大綜合報：聯合報、中國時報、自由時報。

(2) 二大財經報：經濟日報、工商時報。

3. 雜誌：

(1) 財經：商業周刊、今周刊、天下、遠見、經理人。

(2) 女性：VOGUE、ELLE、美麗佳人。

4. 廣播：中廣、飛碟、台北之音。

5. 戶外媒體：

(1) 公車。

(2) 捷運。

(3) 大型看板。

(4) 高鐵／臺鐵。

6. 網路媒體：

(1) FB。

(2) IG。

(3) YouTube。

(4) Google。

(5) 雅虎奇摩。

(6) 新聞網站。

(7) OTT TV。

(8) Dcard。

7. 行動媒體：手機LINE／簡訊。

（十四）第14堂課：各媒體廣告價格概況

1. 電視廣告價格：

(1) 依每10秒CPRP計價。

(2) 目前，前10秒價格約在3,000～7,000元之間；視淡旺季及節目收視率高低而定。

2. 網路廣告價格：

(1) FB／IG：依CPM計價，每個CPM在120～300元之間。

(2) Google聯播網：依CPC計價，每個CPC價格在8～10元之間。

(3) YouTube：依CPV計價，每個CPV在1～2元之間。

(4) 新聞網站（ETtoday及udn）：依CPM計價，大致在100～400元之間。

(5) OTT TV：依CMP計價，大致在300～400元之間。

3. 公車廣告：每面，每月約1萬元。

4. 捷運廣告：視A、B、C級站及版面大小，每一個／每月在10～100萬元之間。

5. 戶外大型看板廣告：視地點及版面大小，每一個／每月在20～100萬元之間。

6. 報紙廣告：視版面大小，每一個約20～70萬之間。

（十五）第15堂課：與外面專業公司合作

1. 行銷人員在很多領域都必須與外面專業公司合作，才能完成行銷工作。

2. 包括下列專業公司：

(1) 廣告公司。

(2) 媒體代理商。

(3) 公關公司。

(4) 整合行銷活動公司。

(5) 數位行銷公司。

(6) 設計公司。

(7) 賣場陳列公司。

(8) 市調公司。

(9) 禮贈品公司。

(10) 展覽會承包公司。

（十六）第16堂課：行銷績效指標

1. 行銷人員每年度的行銷績效檢討，包括下列指標：

(1) 營收目標達成。

(2) 獲利目標達成。

(3)品牌力提升。

(4)顧客滿意度提升。

(5)市占率提升。

(6)品牌排名提升。

(7)會員人數增加。

(8)來客數、客單價上升。

(9)廣告效益達成。

(10)媒體曝光率上升。

2 「行銷學」重要關鍵字匯總

1.行銷管理（Marketing Management）	13.顧客長（Chief Customer Office, CCO）
2.行銷P-D-C-A（Plan, Do, Check, Action）	14.消費群分衆化與階層化
3.行銷目標（Marketing Objective）	15.尊榮行銷、價值行銷及服務行銷
4.營收與獲利（Revenue and Profit）	16.行銷商機洞見
5.行銷公益責任（Marketing Social Responsibility）	17.行銷競爭警惕
6.市占率目標（Market Share）	18.WWWH成功法則（Who/What/Why/How）
7.行銷資源（Marketing Resources）	19.全球品牌在地產品
8.生產觀念→產品觀念→銷售觀念→行銷觀念	20.市場機會點（Opportunity）
9.市場導向與顧客導向（Market Orientation & Customer Orientation）	21.市場危機點（Threaten）
10.滿足顧客需求（Meet Customer Needs）	22.市場分析與選定目標市場（Target Market）
11.聽取顧客心聲（Voice of Customer, VOC）	23.行銷策略思考
12.公益行銷（Social Marketing）	24.廠商行銷環境分析（Market Environment）

（續）

25.總體環境與個體環境（Macro & Micro）	48.4P與4C（Customer-Value; Cost Down; Convenience; Communication）
26.行銷對策	49.核心產品、有形產品、擴大產品
27.行銷攻擊策略	50.消費財、耐久財
28.市場調查與行銷決策	51.產品線（Product Line）
29.U & A調查（消費者使用行為與態度調查）（Usage & Attitude）	52.產品線向上、向下延伸策略
30.焦點團體座談會（FGI: Focus Group Interview; FGD: Focus Group Discussion）	53.全方位產品線
31.質化調查與量化調查	54.產品線刪減
32.電訪、家訪、街訪	55.產品組合（Product Mix）
33.委外調查（Outsourcing Survey）	56.包裝（Packaging）策略
34.消費者洞察（Consumer Insight）	57.促銷型包裝（Promotional Package）
35.S-T-P架構（Segmentation-Target-Positioning）	58.新產品開發（New Product Development）
36.市場區隔（Segment Market）	59.新產品上市、成功、失敗（New Product Launch）
37.鎖定目標客層（Targeting Customer）	60.新產品創意提案
38.產品定位／品牌定位（Product & Brand Positioning）	61.新產品概念、試作、測試
39.市場區隔變數（Market Segmentation Variables）	62.顧客意見與新產品研發
40.產品屬性特質（Product Attribute）	63.產品創新與服務創新
41.產品獨特銷售賣點（Unique Sales Point, USP）	64.品牌資產（Brand Asset）
42.知覺圖定位法（Perceptual Map）	65.知名品牌、全球品牌
43.品牌Slogan（標語廣告詞）	66.品名特質
44.傳統行銷4P組合（Product/Price/Place/Promotion）	67.品牌定位
45.4P（Product：產品規劃；Price：訂價規劃；Place：通路規劃；Promotion：推廣規劃）	68.品牌重定位
46.服務業行銷8P/1S/1C組合（Product、Price、Promotion、Place、Public-Relationship、Personal Sales、Physical Environment、Process Operation; After Service; CRM）	69.多品牌策略（Multi-Brand）
47.物超所值、推陳出新	70.家族品牌（Family Brand）

（續）

71.品牌主張與品牌承諾（Brand Proposition and Commitment）	93.戶外廣告（Outdoor Advertising）
72.品牌故事（Brand Story）	94.廣告預算（adv. Budget）
73.品牌價值（Brand Value）	95.廣告目標、廣告策略與廣告創意
74.品牌精耕與聚焦品牌管理	96.媒體計畫與媒體預算（Media Planning & Budget）
75.品牌經理（Brand Manager, BM）	97.POP廣告（店家及賣場廣告）
76.產品經理（Product Manager, PM）	98.傳統媒體與新興媒體
77.品牌檢測	99.媒體企劃與媒體購買（Media Planning & Media Buying）
78.全國性品牌（National Brand, NB）與零售商自有品牌（Retail/Private Brand，簡稱PB商品）	100.店頭、報紙、廣播、雜誌、網路及戶外六大媒傳廣告
79.名人行銷與精品行銷	101.訂價與損益表分析
80.促銷活動（SP活動：Sales Promotion）	102.BU制度（Business Unit）
81.促銷方案、促銷誘因、促銷宣傳及促銷效益評估	103.成本加成法（毛利率加成法）
82.對消費者促銷、對通路商促銷、對業務員促銷	104.市場吸脂法（高價）及市場滲透訂價法（低價）
83.免息分期付款、打折、降價、紅利積點、抵用券、包裝贈品、刮刮樂、買三送一、加價購	105.畸零訂價法（尾數訂價法）
84.促銷效益（營收增加、獲利增加、現金流量增加、庫存減少）	106.促銷訂價法
85.廣告功能	107.尊榮訂價法
86.廣告主（廣告廠商）、廣告代理商、媒體代理商、媒體公司、監播公司及收視率／閱讀率調查公司	108.降價策略
87.廣告創意策略（Advertising Creative Strategy）	109.平價策略
88.媒體策略（Media Strategy）	110.行銷通路（Marketing Channel）
89.廣告代理商：李奧貝納、奧美、智威湯遜、台灣電通、我是大衛、華威葛瑞、太笈策略	111.通路階層（中間商）
90.媒體發稿代理商：凱絡、傳立、貝立德、媒傳庫、實力、宏將	112.進口商、代理商、大盤商、中盤商、經銷商、零售商
91.名人代言、廣告代言人、產品代言人、品牌代言人	113.量販店、百貨公司、超市、便利商店、美妝店、速食店
92.媒體曝光公關報導、報紙定稿	114.無店鋪販賣（虛擬通路販賣）

（續）

115.直銷、電視購物、型錄購物、電話行銷、自動販賣機及網路購物	139.整合行銷傳播（Integrated Marketing Communication, IMC）
116.加盟連鎖店（Chain Store）	140.直效行銷（Direct Marketing）
117.暢貨中心（Outlet Center）	141.行銷企劃案撰寫
118.通路方案設計、通路管理及通路促銷	142.行銷效益評估
119.多通路行銷	143.行銷專案小組（Project Team）
120.通路改革與加強	144.行銷預算（Marketing Budget）
121.通路為王時代	145.行銷時程進度表
122.向下游通路整合	146.顧客關係管理（Customer Relationship Management, CRM）
123.直銷通路、加盟通路及經銷通路	147.會員經營計畫（Member Keeping Plan）
124.實體通路與虛擬通路並進	148.關係行銷（Relationship Marketing）
125.店頭行銷、通路行銷（In-store Marketing & Channel Marketing）	149.留住顧客（Customer Retention）
126.媒體公關報導	150.顧客忠誠度（Customer Loyalty）
127.企業贊助行銷（Sponsor Marketing）	151.顧客終身價（Customer Lifetime Value）
128.事件行銷（Event Marketing）	152.客製化與一對一行銷
129.公關公司：奧美、21世紀、先勢公關、精英公關、聯太公關	153.顧客資料庫（Data-base）
130.銷售組織與人員銷售	154.資料探勘（Data-mining）
131.銷售人員訓練與管理	155.客服中心（Call-center）
132.銷售人員激勵	156.電話行銷（T/M; Telephone Marketing）
133.銷售獎勵與業績連結	157.顧客滿意度調查（Customer Satisfaction Survey）
134.售前、售中及售後服務	158.內部行銷（Internal Marketing）
135.服務品質評鑑	159.優良顧客與顧客分級
136.服務調查之神祕客（假裝顧客）	160.與顧客的接觸點（Contact Point）
137.服務至上、服務第一、精緻服務、感動服務	161.POS系統（Point of Sales；銷售據點的資訊回報系統；記錄店內每天銷售狀況）
138.服務策略	

3 行銷學致勝完整架構彙整圖示

一 行銷學致勝整體架構圖示（之一）

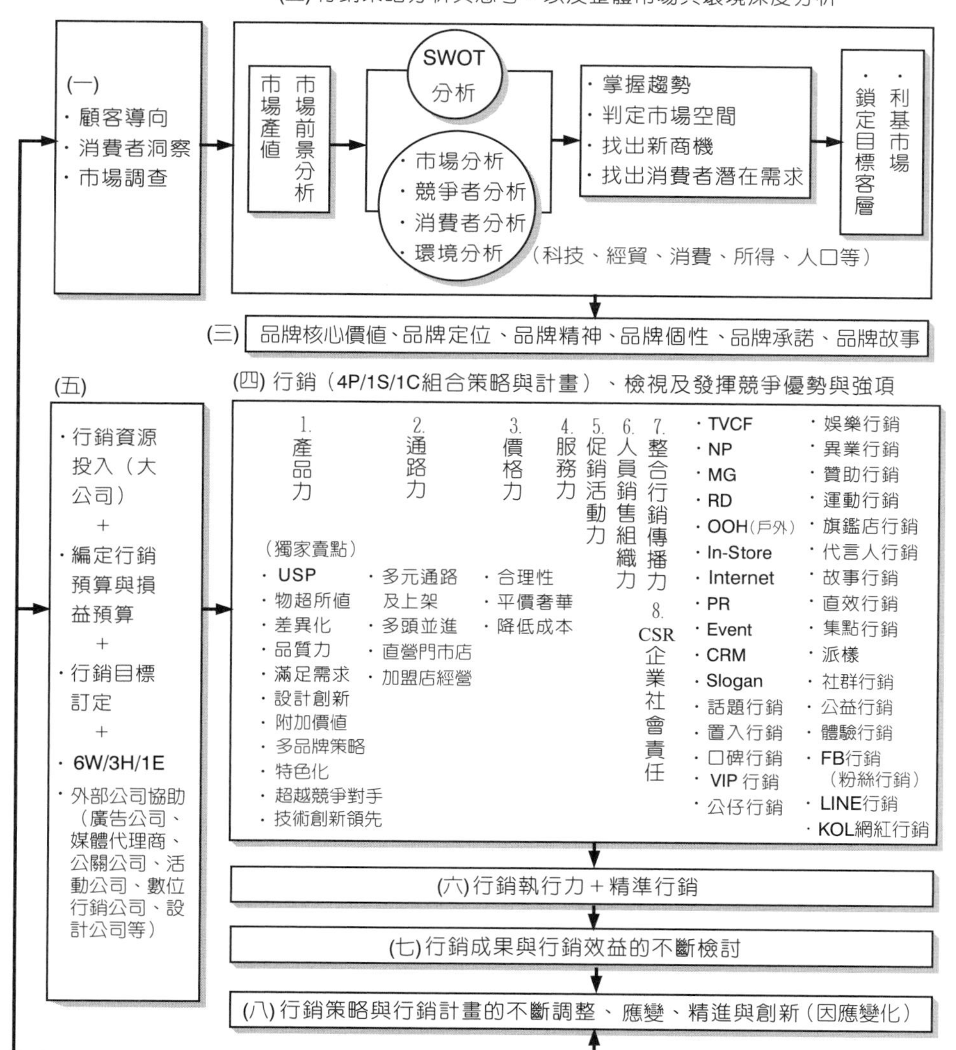

二　行銷學致勝完整架構彙整圖示（之二）

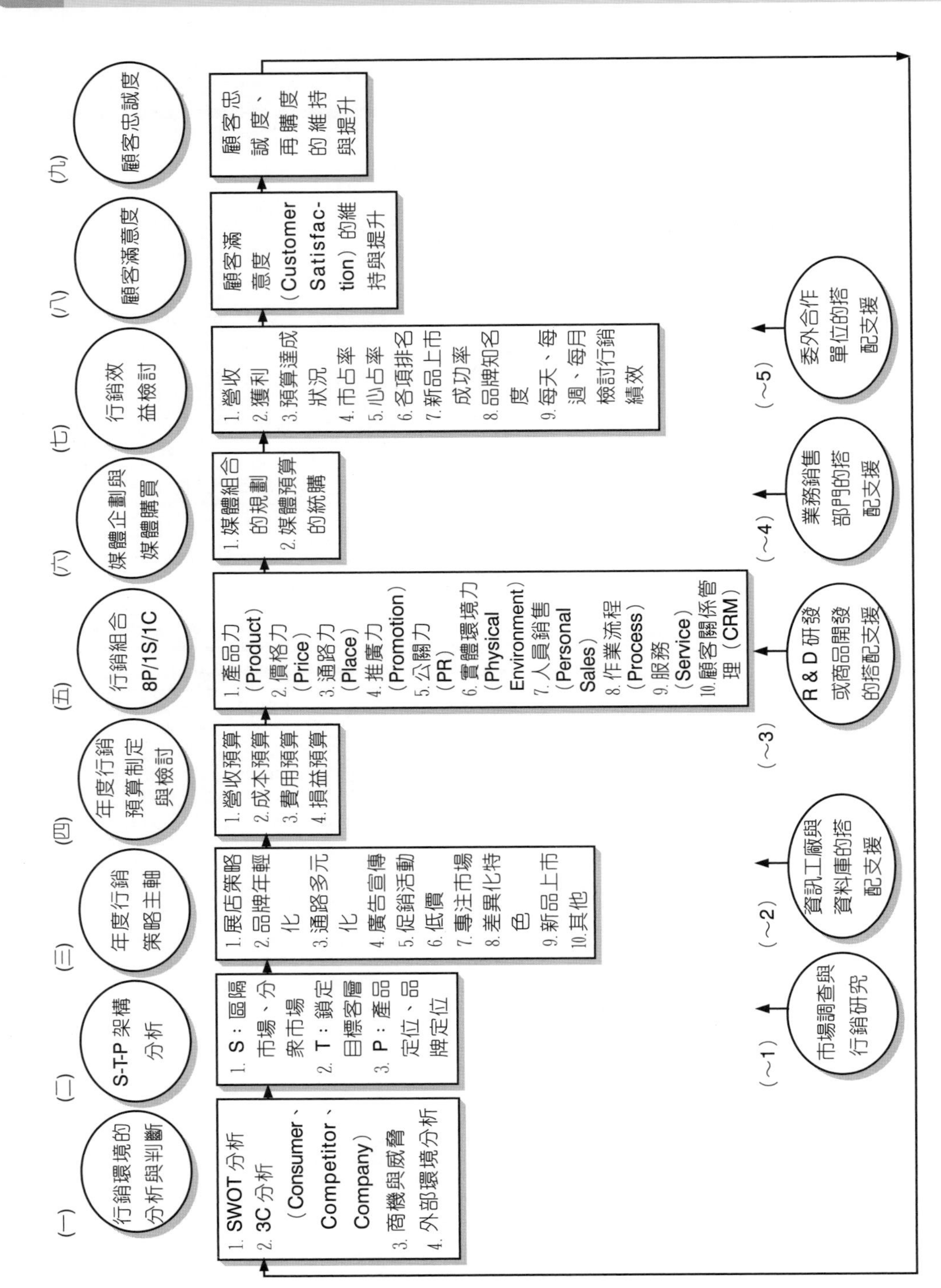

三　品牌行銷致勝完整架構彙整圖示（之三）

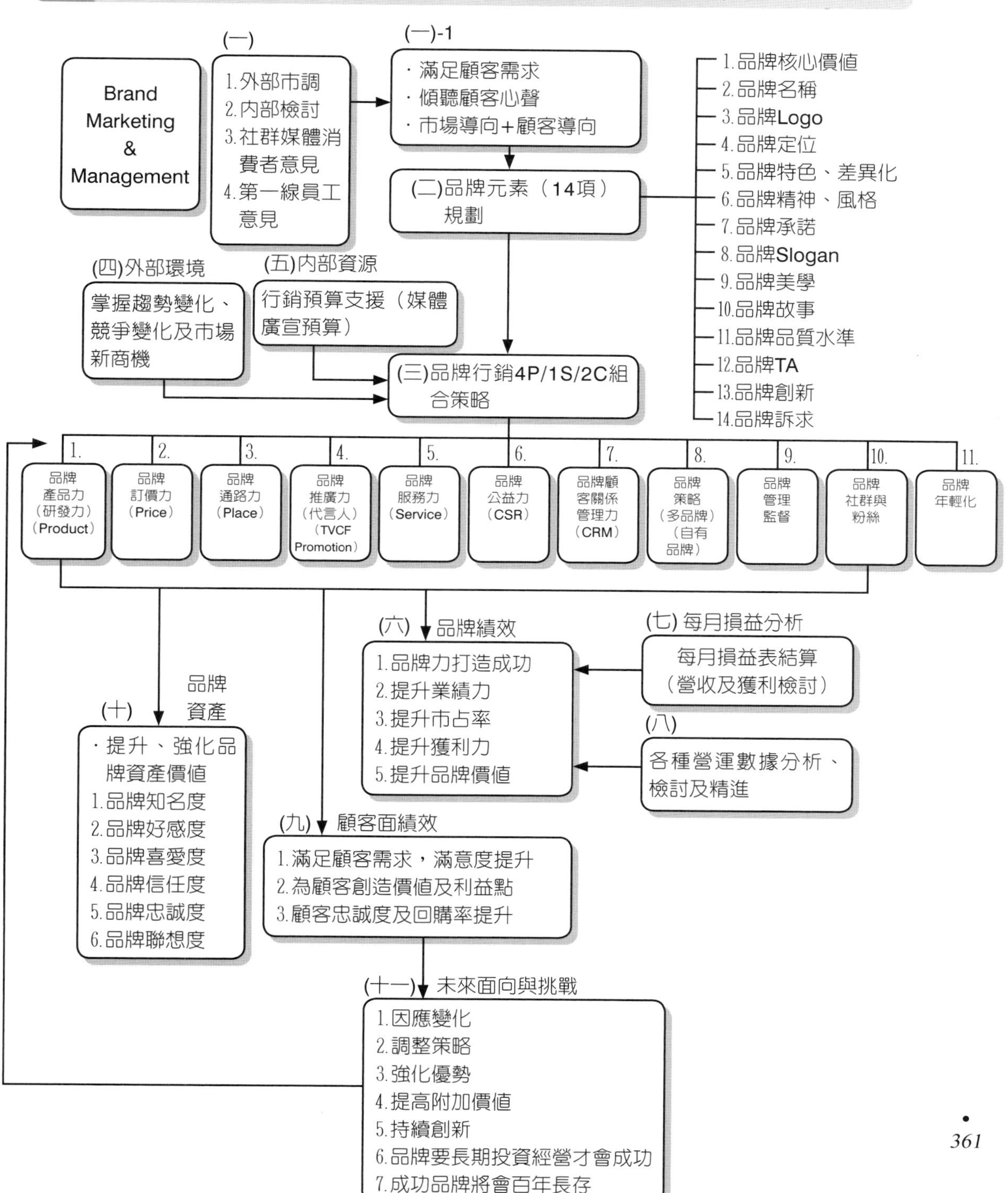

第八篇

學生報告撰寫說明

第十五章

「行銷管理」期中考試題及期中、期末報告撰寫說明

1 行銷學期中考試題

一 本考試均為簡答題（每題3分）（第1～7章）

㈠ 請列示行銷管理的前三大目標為何？

㈡ 請列示行銷哲學演進的四大觀念為何？

㈢ 請寫出「Customer-Orientation」的中文意思為何？

㈣ 何謂高性價比？高CP值？

㈤ 請寫出「Consumer Insight」的中文。

㈥ 何謂FGI之中文？

㈦ 何謂Market Share之中文？

㈧ 由於市場所得層兩極化（即高所得與低所得）的發展，形成了什麼樣型態的消費時代趨勢？

㈨ 請寫出S-T-P的中文為何？

㈩ 何謂TA之中文？

⑾ 請寫出5個人口變數項目為何？

⑿ 請寫出Marketing之中文？

⒀ 請寫出行銷4P組合之四項中文為何？

⒁ 請寫出CRM之中文？

⒂ 請寫出Product Mix之中文？

⒃ 請寫出Product Line之中文？

⒄ 行銷4P中的第1P是什麼？

⒅ 從公司產品組合戰略的管理矩陣中，公司會存在四種不同狀況的產品狀態，此四種名稱為何？

㈨請列示數十年長銷產品的四大祕訣為何？

㉀列示USP之中文？

㉁請列示Feasibility Study之中文？

㉂請列示Market Survey之中文？

㉃請列示Blind Test之中文？

㉄品牌與代工，哪一種利潤較高？

㉅請列示PM（Product Manager）之中文？

㉆請列示BM（Brand Manager）之中文？

㉇請列示綜合行銷力的三種組成為何？

㉈請列示Brand Equity之中文？

㉉請列示Brand Logalty之中文？

㉊品牌忠誠度所帶來的第一項好處為何？

㉋品牌行銷操作的第一個目標為何？

㉌公司每個月都會檢討上月賺不賺錢的報表，稱為什麼表？

㉍損益表非常重要，請列示損益表的簡要項目為何？（只要列出各項目前面四個字即可。）

㉎目前為止，在訂價方法上，使用最廣泛與最普及的方法，稱為什麼訂價法？

㉏對新產品上市而言，其訂價法可區分為哪二種？

（註：所有試題的答案，均在戴國良老師所著作的課本裡，請自行查閱。）

2 「行銷管理」期中分組報告主題內容（學以致用報告）

一 十項主題（最好以不同品牌提出，勿只有一個品牌）

㈠顧客導向案例

請任舉2家廠商，說明他們做了哪些顧客導向的事情？為什麼這些是顧客導向？

㈡USP案例

請任舉二個產品或服務業品牌，他們有何USP（獨特銷售賣點）或差異化特色？

㈢新商機案例

請任舉二項近年來的市場新商機為何？（為何是新商機？）

㈣行銷環境案例（請扼要重點講述，不必長篇大論）

請設想您是某一種行業或產品，然後分析它所在行業的行銷環境有何變化或趨勢？（例如：汽車業、自行車業、圖片電影業、飲料業、便利商店業、手機業、電腦業、家電業、觀光業、教育業、出版業、網購業、宅配業、保健食品業、銀行業、名牌精品業、百貨公司業等。）這些變化或趨勢對行銷人員的涵義如何？

㈤S-T-P案例

請任舉一個產品或服務業品牌，它的S-T-P架構分析為何？定位圖示為何？並列出相關競爭品牌的位置在哪裡？

㈥日本7-Eleven行銷理念摘要分析

請摘要分析日本7-Eleven前董事長鈴木敏文先生的行銷理念為何？

㈦產品組合範例

請任舉一家大型公司，該公司的產品組合有哪些？（請上各公司官網查詢。）

㈧通路案例

請任舉一家知名品牌，說明其虛擬與實體的上架銷售通路有哪些？並請到這些通路去實地拍攝。

㈨訂價案例

請任舉一家知名品牌，列出它的訂價多少，並與其他主力競爭對手品牌的訂價做比較？哪個高？哪個低？（注意不同容量）他們的訂價策略為何？

㈩損益表案例（找上市櫃公司官網或公開資訊觀測站）

請上網找任一家上市櫃公司最近一年度的損益簡表為何？並分析之。（營收額及獲利率額各是多少？注意單位多少，並請找最近一、二年的公司，要有百分比的損益表。）

㈩㈠每位同學發表30秒學習心得要點。

二 說明

㈠請上網蒐集或閱讀報紙、雜誌的報導與廣告等。

㈡期中、期末報告主要培養各位同學以下三大能力：

⑴資料蒐集能力。

⑵學以致用能力。

⑶口頭簡報能力。

擁有此三大能力，以期成為未來專業行銷企劃經理人。

㈢PPT製作要點

⑴圖文並茂。

⑵標題化、要點化、文字不要太多、太長。

⑶色彩要清晰、明亮，勿用黑／灰底色。

⑷所舉案例須為知名品牌。

⑸勿全抄網路，要摘取重點。

3 「行銷學」期末報告大綱內容（學以致用報告）

一 主題名稱

○○品牌「行銷學」期末報告。

二 報告大綱項目

㈠該公司與品牌簡介（附圖片）。

㈡品牌TA（目標客層）與品牌定位說明（請畫出定位圖示）。

㈢行銷環境趨勢分析。

㈣行銷組合策略分析（4P/1S）（固定一個品牌）。

1. 產品策略分析（USP、設計、規格、風格、功能、成分、容量、內涵、多品牌策略、品質等，請附圖片）。
2. 訂價策略分析（高價策略、低價策略、平價策略、訂價多少、訂價與TA的契合度等，請與競爭品牌訂價比較分析，並附圖片）。
3. 通路策略分析（通路型態、通路階層、通路據點數等，請附圖片，並請至賣場實地拍攝）。

4. 推廣策略分析（電視廣告、報紙廣告、公車廣告、網路廣告、KOL網紅行銷、官網、公關、Facebook、IG、記者會、代言人、體驗行銷、促銷活動、聯名行銷、店頭行銷等；微電影、公益行銷、人員銷售、戶外看板、公關發稿、直效行銷、運動行銷、公關活動；請附TVCF、圖片）。

5. 服務策略分析（各種服務措施）。

㈤與主要競品（競爭者品牌）比較分析列表（價格、內容、包裝、設計、定位、比較）。

㈥行銷績效分析（市占率、營收額、銷售量、獲利、品牌、排名、品牌知名度、市場地位、成長率、顧客滿意度）架構圖示（請繪圖）。

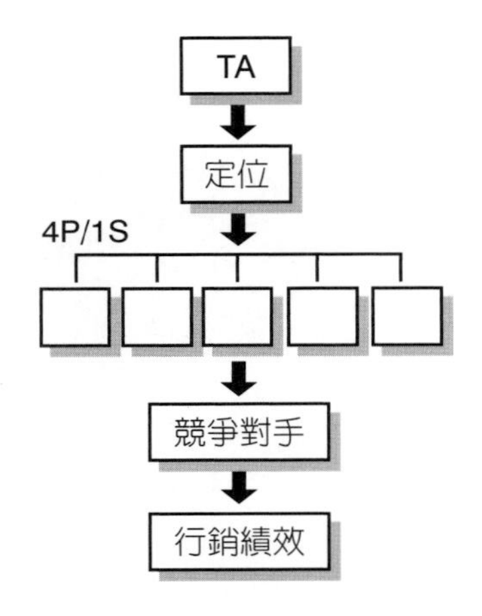

㈦結論之一：對此品牌行銷操作的評論（該產品關鍵成功因素），行銷操作特色與重點要和前面一致。

結論之二：對本課程的學習心得（每個人口頭30秒講述1～2個學習重點）。

㈧附件：參考資料來源（網路、報紙、新聞）。

三　知名品牌參考（選擇一個品牌即可，單一品牌做到底，勿多元品牌）

林鳳營鮮奶、麥當勞、可口可樂、飛柔、潘婷、哈根達斯、CITY CAFE、好來牙膏、阿瘦皮鞋、Lexus汽車、OSIM、統一麵、白蘭氏雞精、茶裏王、御茶園、資生堂、SK-II、瑞穗鮮奶、蘭蔻、雅詩蘭黛、LV、CHANEL、Dior、花王、光陽機車、山葉機車、露得清、原萃綠茶、嬌生視光、adidas、宏佳騰、Nike、日立冷氣、大金冷氣、三星Galaxy Note、幫寶適、iPhone手機、華歌爾、約翰走路洋酒、台啤、金牌、雀巢、ASUS、LEVI'S、LG冰箱、Panasonic、UNIQLO、王品、麗仕、ZARA、PRADA、BURBERRY、GUCCI、HERMĒS、Tiffany&Co.、DR.WU、澎澎、點睛品、海尼根、長榮航空、台哥大、中華電信、遠傳電信、BMW、多喝水、信義房屋、永慶房屋、歐舒丹、桂格燕麥片、善存、蘇菲、好自在、靠得住、多芬、La New、象印、膳魔師、博士倫、桂冠、樂事、潘朵拉、Biore、OLAY、H&M、GU、娘家滴雞精、專科、肌研、三得利、日立家電、純濃燕麥、桂格燕麥飲、萬歲牌腰果、克寧奶粉、安怡奶粉、Sisley、萊雅、花王洗面乳、分解茶等（其他知名品牌均可）。

四　每組時間：30分鐘內

㈠每位同學均要報告。

㈡磨練各位同學的：

1. 資料蒐集能力。
2. 分析、解讀、判斷、應用能力。
3. 上臺簡報口說能力。
4. 整理一份完整報告能力（組織力）。
5. 作為一個行銷經理人的基本功能力。
6. 學以致用能力。

㈢占30%成績。

國家圖書館出版品預行編目資料

行銷學：精華理論與本土案例／戴國良
著.－－六版.－－臺北市：五南圖書出版股
份有限公司, 2023.06
面； 公分
ISBN 978-626-366-150-9（平裝）

1.CST: 行銷學

496 112008285

1FP6

行銷學：精華理論與本土案例

作　　者— 戴國良
發 行 人— 楊榮川
總 經 理— 楊士清
總 編 輯— 楊秀麗
主　　編— 侯家嵐
責任編輯— 吳瑀芳
文字校對— 石曉蓉
封面設計— 姚孝慈
出 版 者— 五南圖書出版股份有限公司
地　　址：106臺北市大安區和平東路二段339號4樓
電　　話：(02)2705-5066　　傳　　真：(02)2706-6100
網　　址：https://www.wunan.com.tw
電子郵件：wunan@wunan.com.tw
劃撥帳號：01068953
戶　　名：五南圖書出版股份有限公司

法律顧問　林勝安律師

出版日期　2007年 1 月初版一刷
　　　　　2009年 4 月二版一刷
　　　　　2016年 9 月三版一刷
　　　　　2018年 4 月四版一刷
　　　　　2019年 5 月五版一刷
　　　　　2023年 6 月六版一刷

定　　價：新臺幣500元